Doit-on craindre la foudre ?
Comment s'en protéger ?

Doit-on craindre la foudre ?
Comment s'en protéger ?

Seconde édition

CHRISTIAN BOUQUEGNEAU

Préface (1re édition) de Gérard Berger
Dessins de Thomas Haessing
et de Pierre Lecomte
Photos de Christian Bouquegneau

edp sciences

17, avenue du Hoggar – P.A. de Courtabœuf
BP 112, 91944 Les Ulis Cedex A

Mise en pages : Patrick Leleux

Imprimé en France
ISBN : 978-2-7598-1726-9

À mes enfants Marie-Sylvie, Barbara et Pierre-Olivier
et petits-enfants Sara, Alexandre, Liana et Olivia

La foudre gouverne l'Univers
Héraclite (VIe – Ve siècle avant notre ère)

REMERCIEMENTS

J'ai trouvé chez EDP Sciences, particulièrement auprès de France Citrini, l'appui permanent dont ce livre avait besoin. Mes vifs remerciements !

Merci aussi à tous ceux qui m'ont aidé, qui dans la recherche de documents sur les mythologies (Hendrik Theys), qui dans la réalisation de certaines figures (Pierre Lecomte), qui par leurs encouragements (les membres de ma famille, essentiellement).

AVANT-PROPOS

Depuis la première édition de cet ouvrage (2006), de nouvelles données et réflexions sont apparues à l'échelle mondiale, tant sur la phénoménologie de la foudre (notamment, les caractéristiques des courants de foudre), que sur la protection contre la foudre (suite à la parution d'une nouvelle norme internationale).

Cette seconde édition, revue et augmentée, devait donc voir le jour.

Revue, car elle corrige ou ajuste les données statistiques relatives aux paramètres de la foudre, surtout utiles dans les applications d'ingénierie, et cerne mieux les caractéristiques des ondes de courants de foudre. Par exemple, on sait aujourd'hui qu'un seul éclair ramifié s'attache au sol en 1,7 point en moyenne, alors qu'il y a à peine une décennie, on pensait que cette moyenne était de 1,1 impact par éclair et l'on confondait sans problème la densité des éclairs au sol avec la densité des impacts au sol !

Augmentée, car l'évaluation des risques dus à la foudre, la prévention et la protection contre la foudre ont pris un essor extraordinaire. À l'échelon international, IEC (Commission Electrotechnique Internationale), ainsi qu'à l'échelon européen, CENELEC, ont publié, en 2006, une première édition d'une norme de protection contre la foudre, assez volumineuse (400 pages !), déjà mise à jour (deuxième édition) respectivement en 2010 (norme IEC) et en 2012 (CENELEC, norme EN). Ces normes mettent en évidence l'importance d'une analyse de risque foudre (cf. annexe B), d'évaluer ce risque et de prendre les mesures de protection qui s'imposent.

Toujours intéressé par les mythologies relatives à la foudre, j'en ai profité pour compléter le chapitre 1, suite à de nouvelles rencontres et découvertes dans des régions souvent moins accessibles de la planète.

Les effets physiologiques dus au foudroiement sont enrichis de données statistiques sur les morts foudroyés et les symptomes cliniques des survivants.

L'encart couleur fait maintenant apparaître la carte des densités d'éclairs en France-Belgique-Suisse (Merci Meteorage !) plutôt que la seule carte de Belgique et certaines photos de foudre ont été remplacées par des photos plus récentes du dynamique Collectif Belgorage que je remercie chaleureusement.

Christian BOUQUEGNEAU

PRÉFACE DE LA PREMIÈRE ÉDITION

Parmi tous les phénomènes naturels qui régissent la dynamique de notre atmosphère, il n'en est aucun qui puisse surpasser la foudre dans sa puissance et la crainte qu'elle inspire aux êtres vivants. Phénomène universel, elle est à l'origine de la vie sur Terre. C'est au sein de l'atmosphère primitive de notre planète qu'elle a fabriqué les premiers acides aminés, briques élémentaires du monde organique. Sans la permanence de ses manifestations dans le quotidien de notre existence terrestre, nous n'aurions pas la capacité de survivre et de nous reproduire, tant son rôle dans l'équilibre électrique de notre atmosphère est essentiel. Nos ancêtres lointains, archaïques à nos yeux d'hommes modernes, et si éloignés de notre culture basique actuelle, ont compris l'aspect surnaturel des forces qu'elle met en jeu. Elle s'avère un embryon universel de toutes les mythologies, sur tous les continents et au fur et à mesure de notre découverte de ses représentations graphiques. Il n'y a pas de peuple qui ait pu ignorer son pouvoir thaumaturgique, tant l'échelle spatio-temporelle des orages a été et demeure surhumaine.

Christian Bouquegneau a depuis de longues années recherché, au cours d'infatigables quêtes, les traces actuelles de ces mythologies, sur tous les continents. Les représentations de la foudre sont certes diverses, mais elles n'ont en commun qu'un faible nombre de variantes, comme si la foudre était elle-même la génitrice commune de toutes les civilisations. Homme moderne de culture et d'esprit, il n'est pourtant pas éloigné de la conception de « l'Honnête Homme » du XVIIe siècle et partage avec une grande lucidité les valeurs du Siècle des Lumières, qui préfigurera l'avènement de la Révolution Française. Après des siècles d'obscurantisme et d'ignorance, un nouvel âge illuminé par la raison, la science et le respect de l'humanité était né.

La foudre n'a pas de frontières ; Christian Bouquegneau non plus. Citoyen du Monde, il a visité plus de cent pays, collectant les « fossiles » de la culture kéraunique locale afin d'enrichir ses extraordinaires conférences sur les mythologies et l'art sacré. Passionné de philosophie, il sait se préserver des traditions rétrogrades et conserver sa liberté de pensée tout en défendant avec force ses convictions personnelles.

Ce livre, fruit de son expérience de président des normes internationales de protection contre la foudre, permettra au lecteur de connaître l'état des connaissances actuelles de la physique de la foudre et de recenser les nombreux points d'interrogation qui jalonnent ces connaissances. Une mention particulière est à signaler à propos de la terminologie propre à la communauté scientifique concernant les orages et les éclairs, terminologie parfois confuse dans les esprits des scientifiques comme de ceux qui ne le sont pas. L'ouvrage est très complet et documenté, avec de nombreux encadrés qui illustrent les notions qui pourraient échapper au lecteur non spécialiste. Je souhaite que ce livre, unique dans sa forme et son propos, rencontre le large succès qu'il mérite et devienne la référence française dans le domaine auquel elle manquait cruellement.

Gérard BERGER

Directeur de Recherche au CNRS 2006

SOMMAIRE

PRÉSENTATION DE L'OUVRAGE

La foudre mystérieuse nourrit l'esprit des humains depuis leurs origines. Il est intéressant *de co*nstater qu'elle est présente dans la plupart des mythologies (*cf. chapitre 1*), de tout temps et sous toutes les latitudes. Mythologies et Histoire se confondent jusqu'au Siècle des Lumières lorsque Benjamin Franklin et l'École française situent enfin ce phénomène naturel dans une approche scientifique (*cf. chapitre 2*), bien qu'il fallut attendre le XXe siècle pour mieux la cerner.

Que nous dit la science aujourd'hui ? La réponse fait l'objet des chapitres 3 à 5, consacrés à la phénoménologie de la foudre : description des nuages orageux, rôle important joué par l'ionosphère, les différentes formes et caractéristiques des éclairs et des courants qu'ils véhiculent, sévérité orageuse sur notre Terre… Certaines autres planètes du système solaire connaissent aussi la foudre, souvent sous d'autres formes que celles rencontrées chez nous. Enfin, la foudre artificielle, déclenchée par des petites fusées lancées vers les nuages orageux, a permis aux scientifiques de substantiels progrès dans la connaissance de la décharge atmosphérique.

Au chapitre 6, nous étudions les effets physiques et physiologiques de la foudre. Ceux-ci n'ont plus rien de mystérieux. Les effets de la foudre sont les effets de tout courant électrique traversant un milieu déterminé, mais il faut toujours garder à l'esprit qu'il s'agit d'un courant impulsionnel (et non continu ou alternatif !) très intense et de courte durée n'excédant généralement pas quelques dixièmes de secondes. Ces effets sont électriques, électrodynamiques, thermiques, électromagnétiques, électrochimiques, acoustiques (le tonnerre !) et surtout physiologiques, car la foudre atteint tous les êtres vivants. Nous introduisons, au chapitre 7, les effets dus aux coups indirects ainsi que les règles élémentaires de protection et terminons en commentant quelques dégâts typiques occasionnés par la foudre.

La protection contre la foudre est un domaine qui a beaucoup évolué ces dernières années. En effet, les mécanismes d'interception sont toujours à l'étude *(cf. chapitre 8)* et seul un *modèle électrogéométrique* rudimentaire est actuellement utilisé avec confiance. Les nombreux essais en laboratoire à haute tension et sur site favorisent la recherche d'installations *captrices* idéales et évacuatrices des courants de foudre vers la terre. La protection externe *(cf. chapitres 8 et 9)* et la protection interne *(cf. chapitre 10)* des bâtiments et des autres structures sont étudiées séparément. La prévention et l'analyse des risques sont aussi largement commentées (*cf. annexe B*), à la lumière de la norme internationale et européenne sur la « protection contre la foudre » (IEC EN 62305 ; 2e édition, 2010 et 2012).

Enfin, au *chapitre 11*, nous projetons l'avenir et critiquons les études les plus récentes dans différents domaines : foudre géante supérieure, foudre déclenchée, recherches actuelles en laboratoire et *in situ*…

Pour une meilleure compréhension des phénomènes électriques, quelques encadrés figurent dans le texte et une annexe (*cf. annexe A)* décrivant très succinctement des notions physiques plus avancées sur les décharges dans l'air, à l'intention du lecteur qui voudrait approfondir ces matières.

PARTIE 1

INTRODUCTION, MYTHOLOGIES ET HISTORIQUE

LA FOUDRE, ENCORE MYSTÉRIEUSE ?

Depuis les origines, la foudre a tellement fasciné l'homme qu'il en a fait un attribut de la puissance divine. Ce phénomène naturel fantastique nous réjouit parfois, mais nous effraie surtout non seulement à cause de ses effets destructeurs mais aussi par le mystère qui l'entoure. Aujourd'hui, nous commençons à la cerner et à mieux comprendre ses moyens d'action.

Sait-on que la foudre est bienfaitrice grâce à son pouvoir fertilisant et qu'elle est indispensable à notre survie ? En effet, elle agit comme une machine électrostatique naturelle, capable de recharger la couche ionosphérique, partie de l'atmosphère ionisée, située à plus de 60 km d'altitude. Afin de nous protéger des rayons solaires et des rayons cosmiques, l'ionosphère joue le rôle d'immense armature de condensateur qui doit maintenir un équilibre électrique entre elle et la surface de la Terre dans l'air, un diélectrique (ou isolant) qui remplit l'espace intermédiaire.

De plus, pour certains scientifiques, la foudre est probablement à l'origine de la vie sur Terre. Dès 1924, le biochimiste soviétique Alexandre Oparine publie sur l'origine de la vie. Il fait l'hypothèse selon laquelle des éclairs auraient permis la synthèse du mélange gazeux réducteur simple, prébiotique, présent il y a 3,8 milliards d'années sur notre Terre primitive.

En 1953, le jeune chimiste américain Stanley Miller, travaillant dans le laboratoire de Harold Urey à l'Université de Chicago, confirme expérimentalement cette hypothèse en appliquant un grand nombre de décharges électriques à haute tension dans un mélange composé de méthane, d'ammoniac, d'hydrogène et d'eau, molécules qui constituaient l'atmosphère prébiotique, et obtient non seulement plusieurs acides aminés mais aussi des composés organiques typiquement biologiques. Un pas essentiel était franchi dans l'Histoire de la Biologie.

Même si l'hydrothermalisme (à partir des fonds océaniques) et les sources extraterrestres de poussières interstellaires produites dans des étoiles riches en carbone figurent parmi les trois candidats potentiels à l'origine de la vie, l'hypothèse d'Oparine et l'expérience de Miller/Urey continuent à séduire la plupart des scientifiques.

PROBABLEMENT À L'ORIGINE DE LA VIE SUR TERRE, LA FOUDRE EST AUSSI BIENFAITRICE

tant par ses effets fertilisants (synthèse d'oxyde nitreux) que par son action indispensable à la survie des êtres vivants, puisqu'elle agit comme la machine électrostatique capable de reconstituer la couche ionosphérique (modèle électrique global) qui nous protège des rayons solaires et des rayons cosmiques mortifères !

Hélas, la foudre provoque terreur et catastrophes. Si elle ne pardonne guère plus aujourd'hui, nous savons mieux dans quelles circonstances et pour quelles raisons elle constitue un danger sérieux. Car s'il n'y a généralement aucun problème de protection à l'intérieur d'un bâtiment formant une *cage de Faraday*, il n'en va pas de même dans une maison isolée surtout en montagne.

Comment s'en protéger efficacement ? C'est parfois difficile, mais tout à fait possible à l'heure actuelle en appliquant certaines règles normalisées de prévention et de protection.

Certes, il n'existe toujours aucun appareil ni aucune méthode capables d'inhiber les décharges électriques de foudre. Et avant tout, notre connaissance du phénomène est loin d'être achevée.

Les décharges de foudre directes ou au voisinage des structures peuvent endommager celles-ci, atteindre les personnes présentes ainsi que les installations et les équipements qu'elles contiennent. Dès lors, il y a lieu d'établir des alertes et d'appliquer des mesures efficaces de protection contre la foudre.

1

La Foudre et les mythologies

FOUDRE BIENFAITRICE OU FOUDRE PUNITIVE ? DE TOUT TEMPS, SOUS TOUTES LES LATITUDES ...

Aux temps préhistoriques, la foudre allumait des branches sèches fournissant lumière et chaleur aux premiers hommes longtemps avant que ceux-ci n'aient appris à faire eux-mêmes du feu. Suivant de nombreuses mythologies, seuls les dieux possédaient ce feu.

Les premiers contes imaginés par l'homme lui furent inspirés par le spectacle des phénomènes naturels, dont il ne parvenait pas à saisir le sens mais qu'il souhaitait interpréter pour apaiser sa frayeur ou justifier sa terreur.

Si les mythes se ressemblent quelles que soient les civilisations qui les ont vu naître, ce n'est pas par similitude d'origine, ni par interpénétration des peuples, mais parce que la pensée émerge d'idées et d'images qui sont les mêmes partout sur Terre.

Ignorant l'ordre de la Nature, les premiers hommes voyaient en l'éclair et le tonnerre le déchaînement des forces surnaturelles qu'ils retrouvaient dans la stabilité des roches ou dans le cours régulier des astres. Partout, on vit éclore des récits mythiques faisant appel aux pouvoirs mirifiques des dieux : foudre punitive, tonnerre grondant et terrifiant, foudre fertilisante et fécondante, associée aux pluies, ou foudre apprivoisée, source d'énergie.

MYTHOLOGIES ANTIQUES

En Asie Mineure, les panthéons d'Anatolie avaient tous à leur tête une parédrie : un dieu de l'orage, émanation de la montagne, figuré par le taureau, son animal fétiche, et une déesse de la fécondité, incarnation de l'eau vive, source ou rivière, le premier fécondant la seconde. On y trouve les plus anciennes représentations de dieux de la foudre, tel **Enlil-Bel** sur un sceau-cylindre akkadien (Louvre à Paris, British Museum à Londres) de la première période babylonienne (vers 2200 avant notre ère) : un dieu gouvernant les météores brandit un fouet ; son char est tiré par un animal mythique, une véritable chimère ; une divinité féminine brandit des éclairs, feux du ciel.

En Anatolie hittite, ce dieu tonnant est le grand vainqueur, **Tarhunt** ou **Tarhunda-du-Ciel**, armé d'une massue, dressé sur le taureau au sommet d'une montagne. Le dieu de l'orage vainc les puissances aveugles de la magie et de l'irrationnel. Il est l'homologue du dieu akkadien **Adad** (*le chevaucheur des nuées*) en Mésopotamie sémitique, du dieu sumérien **Ishkur**, du dieu **Martu** chez les Sumériens nomades de l'Ouest, d'**Amurru** chez les Sémites, des dieux **Hadad** et **Reshef** chez les Sémites de l'Ouest et du dieu **Baal** chez les Cananéens (Syrie) où il occupe une place de premier plan dans la mythologie d'Ougarit. Baal est souvent représenté sous la forme d'un archer juvénile, brandissant la massue et tenant en laisse un jeune taureau, son animal-attribut. Tous ont la même origine et les mêmes attributs que le principal dieu hourrite **Teshub** (les Hourrites invoquaient pas moins de 21 dieux de l'orage !) : taureau, foudre, massue ou maillet. Comme roi des dieux, Teshub n'a rien de cosmique ; il est le symbole de la royauté humaine, premier dieu paternel et patricien, chef de famille, entouré d'une cour et d'une domesticité.

En Égypte pharaonique, l'Univers fonctionne sous l'action contradictoire d'**Osiris** qui maintient la force de renouvellement dans la Nature (Végétation, Nil, Lune, Soleil) et de son frère **Seth**, puissance maléfique, violente et meurtrière, qui détruit et se manifeste comme maître des tempêtes et de la foudre, du désert et de la stérilité. Les Hyksos l'assimilèrent à **Baal**, dieu de l'orage. Contre nature dans un pays aussi sec que l'Égypte, l'orage y symbolise la perturbation, par un méfait, de l'ordre universel. Osiris et Seth sont chacun doublés d'une figure féminine qui, conformément au caractère du conjoint, agit positivement dans la maternité pour **Isis**, sœur-épouse d'Osiris, négativement dans la stérilité pour **Nephtys**, sœur-épouse de Seth. **Seth** est l'homologue du dieu grec **Typhon**, alors que le rôle de **Zeus était tenu par Amon**. Plus tard, en Égypte ptolémaïque, **Sérapis** alliera les caractères d'Osiris et de Zeus avec retour aux pouvoirs suprêmes et foudroyants de ce dernier.

Je suis toujours ému quand je me rends près du Mont Bego, la montagne sacrée, dans les vallées des Merveilles et de Fontanalbe au Parc de Mercantour (à 80 km au nord de Nice, près de la frontière italienne), un des sites français les plus souvent foudroyés. Parmi les gravures rupestres avec illustrations d'éclairs datant de quatre millénaires, celle dite du **Sorcier** est remarquable : anthropomorphe tenant une lame de poignard triangulaire dans chaque main *(cf. encart couleur 2)*, ce sorcier symbolise le dieu de l'orage brandissant ses foudres, tel **Enlil-Bel** en Mésopotamie, à la même époque (vers 2150 avant notre ère).

MYTHOLOGIES CLASSIQUES

Chez les Grecs, le (la) foudre était l'arme de **Zeus**, don de ses trois assistants, les **Cyclopes** forgeurs (**Brontès**, le *tonnerre*, **Stéropé**, la *foudre*, et **Argès**, l'éclat). Les lieux frappés par l'éclair lui étaient consacrés. À Rome, comme d'autres dieux célestes, **Jupiter** (*cf. figure 1*), punissait les hommes par la foudre.

Dans un des mythes de la souveraineté, la puissance de **Zeus** est tenue en échec par **Prométhée**, le Titan. Les premiers hommes vivaient dans l'obscurité nocturne et le froid. Prométhée les prit en pitié, il déroba le feu céleste et l'offrit à nos ancêtres qui apprirent ainsi à maîtriser les forces de la Nature, à extraire et à façonner les métaux. Il les rendait ainsi plus forts, plus intelligents, plus habiles.

Mais Zeus, Maître de l'Univers, décida de le punir cruellement, il le fit attacher à un rocher au sommet d'une montagne. Tous les jours, un aigle gigantesque lui laboure le ventre de ses griffes, chaque nuit ses blessures se cicatrisent. Et pour punir les hommes, Zeus

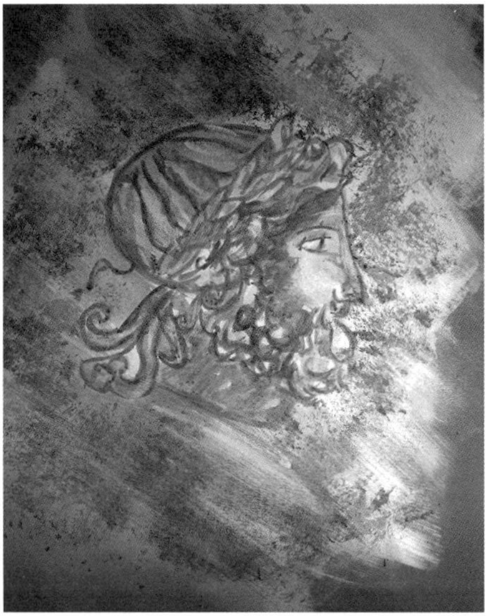

Figure 1 | Jupiter, d'après un dessin de Marie, écolière de 10 ans.

leur envoie un piège redoutable auquel nul ne réussit à échapper : **Pandore**, la femme, ce *beau Mal* (sans *e* final !) comme dit Hésiode, femme désirable et séduisante qui n'a rien de plus pressé, une fois arrivée à destination, que de soulever le couvercle de la jarre où étaient enfermés les maux et les maladies. Depuis lors, les hommes sont condamnés à la vieillesse et à la mort, condamnés à naître de cette maligne fécondité. L'association foudre-fécondité (et aussi foudre-fertilité) empreint la majorité des mythologies. Négative chez les Grecs phallocrates, cette association est le plus souvent positive dans d'autres civilisations.

Le *foudre*, sceptre divin, *superarme céleste*, manifestation de la colère d'un dieu anthropomorphe à la main puissante, porte différents noms : en Grèce antique, *le foudre* se présente sous la forme d'un *fuseau*, d'*une double flèche* massive, à la lumière aveuglante, il est forgé par Hephaistos, le forgeron céleste ; *faisceau d'éclairs* ; *vajra*, appartenant à Indra dans le sous-continent indien, ou son équivalent *dordje* au Tibet, à la pureté du diamant, symbole de stabilité dans le bouddhisme ; *mjöllnir*, le fameux marteau de Thor (ou Tor) en Scandinavie (Vikings) ou de Donar, puis de Wodan, chez les Germains ; une hache ou le plus souvent une *double hache* de Shango, chez les Yorubas en Afrique centrale ; *pierre de foudre* ; *masse ou massue (*Tarhunda-du-Ciel chez les Hittites, dieu-druide Dagda en Irlande) ; *maillet* (du bon dieu frappeur Sucellus en Gaule) ; *fronde* (Categuil et Illapa chez les Incas grondent dans le ciel grâce à leur fronde et leur massue, irradiant des éclairs, engendrant tellement de dégâts sur Terre que des enfants étaient sacrifiés afin d'apaiser leur colère ; on le trouve, mais plus rarement, sous forme de *dard* ou de *trident*...

MYTHOLOGIE VÉDIQUE

Perché sur un éléphant blanc ou un éléphant tricéphale, **Indra**, le manieur d'éclairs, dieu védique (hindou) des tempêtes, roi du Ciel (comme Zeus), frappe de son *vajra (éclair)* redoutable non seulement l'aîné des dragons mais aussi les habitants du sous-continent indien (*cf. figure 2*). C'est une divinité bienveillante mais bourrue, belliqueuse mais compatissante. Se mêlant des affaires humaines, il est le *deus ex machina* qui reconnaît les héros doués de mérites, dignes d'être comblés.

Figure 2 | Indra, chevauchant l'éléphant Airâvata et tenant son vajra dans la main droite (temple de Keshava Somanathapura, Somnathpur).

Dans les *Prophéties d'Indra* se mêlent la cosmogonie, les recettes du bonheur et la science des prédictions. Indra fait son entrée dans le panthéon hindou en tuant **Vritra**, le serpent de la sécheresse qui, après avoir englouti les eaux cosmiques, repose enroulé autour des montagnes. Le vajra d'Indra ouvre l'estomac du serpent ; les eaux s'en échappent, engendrent la vie et libèrent l'aube du jour. La foudre à l'origine de la vie, nous savons que ce n'est pas qu'un mythe !

Depuis le Ve siècle avant notre ère, les fonctions d'**Indra**, également dieu de la pluie, dispensateur de la vie sur Terre, furent assurées par **Vishnu**, la disgrâce d'Indra venant du fait que les précurseurs de Siva et de Devi existaient dans les grandes villes rasées par les adeptes du culte d'Indra.

DES VIKINGS AUX GAULOIS

Chez les Vikings, **Thor** (*cf. figure 3*), dieu du tonnerre, armé de son marteau-foudre *Mjöllnir*, est doué d'une force exceptionnelle. Dieu bienveillant, le préféré des Scandinaves, il protège les hommes contre le mal, dispense la pluie fertilisante succédant à l'orage et assure la fécondité. Son épouse, **Sif**, était d'ailleurs la déesse de la fécondité. Gardien du foyer, de la famille et de la collectivité, mais guerrier redoutable, Thor extermine les géants avec témérité. Tel un boomerang, son marteau a le pouvoir de revenir dans sa main après avoir frappé. Quand le tonnerre gronde, c'est le chariot de Thor traîné par des boucs qui roule sur la voûte des cieux. L'union de l'orage céleste, de la pluie et de la terre provoque la fertilisation des sols et fait germer les moissons. Le marteau de Thor est le signe que l'on retrouve le plus souvent gravé sur les pierres runiques ou fondu dans de beaux bijoux nordiques. Thor connaît une mort héroïque au *Ragnarök* (le paradis), après un combat acharné contre son ennemi héréditaire, le serpent cosmique **Jormungand** qui menaçait la Terre. Thor l'étreint et lui fracasse la tête d'un coup fatal.

La légende de **Thor** et de **Jormungand** est-elle si différente de celle d'**Indra** et de **Vritra** ? Pourquoi le serait-elle ? Les mythologies indo-européennes comme les langues et les cultures indo-européennes répondent aux mêmes schèmes.

Figure 3 | Thor (statuette islandaise).

Dans les langues anglo-scandinaves, **Thor** a donné son nom à jeudi qui se dit *torsdag* en suédois, en danois et en norvégien, *torsdaî* en finnois, *Thursday* en anglais ; **Donar** (issu de *Donner*), son homologue germanique, a donné *Donnerstag* en allemand et *donderdag* en néerlandais ; **Jupiter, Jovis** en latin, a conduit à *jeudi* en français, *jueves* en espagnol, *giovedi* en italien et *joï* en roumain... la même origine indo-européenne. Le jeudi semble consacré au dieu de la foudre.

En Scandinavie, mais aussi chez les Slaves, de l'Ukraine à l'Italie du Nord, **Pérun** est vénéré et possède les mêmes attributs que Thor. Chez les Serbes, il est toutefois syncrétisé avec saint Élie. Dans les pays baltes, **Perkunas** (en Lituanie) ou **Perkons** (en Lettonie) serait l'anthropomorphisation d'un arbre qui incarne la vie féconde par excellence et jouit à ce titre d'un culte particulier (fertilité-fécondité).

Zeus en Grèce, **Jupiter à Rome, Tinia** chez les Étrusques, **Indra** en Inde, **Perun** en Europe centrale **et Thor** en Europe septentrionale ont des caractères et des attributs similaires. Ce sont des dieux créateurs et organisateurs. Leurs ressemblances sont frappantes : ils brandissent tous une arme de jet, ils sont habités par une force violente et mystérieuse qui les pousse à des actes d'héroïsme, ils fulminent, punissent, récompensent et détiennent les secrets de la sagesse. Ils ont aussi les mêmes faiblesses : ils sont fourbes et fécondent à tout vent ; faut-il rappeler les nombreuses maîtresses, déesses ou mortelles, de Zeus et de Jupiter ? En cas de guerre, ils n'interviennent pas au premier rang, uniquement sur un plan magique ; ils frappent les méchants de stupeur et les placent à la merci des justes.

Mais l'idée hiérarchique reste prépondérante : la régence du monde appartient de droit aux dieux du Ciel, jamais aux divinités de la Terre ou de la Mer, même chez les peuples marins comme les Grecs ou les Vikings.

La foudre, arme des dieux ! Dans la mythologie judéo-chrétienne, n'est-ce pas avec la complicité de la foudre que **Yahvé** serait descendu sur le Mont Sinaï pour dicter ses dix commandements à **Moïse**, cet autre **Prométhée**, héraut, médiateur, porteur de feu ? Dans le deuxième Livre des Rois, le prophète **Élie** fait foudroyer trois cinquanteniers puis monte au Ciel dans un tourbillon laissé par son char de feu. Dans les récits mythiques de l'Apocalypse, au Jugement dernier, la foudre est aussi perçue comme le symbole de la présence immédiate de Dieu, de sa colère et du châtiment divin.

Figure 4 | Taranis (Musée des antiquités nationales de Saint-Germain-en-Laye).

Nos ancêtres les Gaulois avaient le culte des arbres ; ils considéraient le chêne comme le dieu suprême et vénéraient **Taranis** (*tonnerre* en gaulois ; *cf. figure 4*), personnification du Ciel lumineux et des orages, associé au Jupiter romain. La *roue*, son emblème, symbolise le roulement du tonnerre, similaire au bruit de la roue sur les chaussées romaines. Il porte des esses, symboles du tracé sinueux des éclairs, et est souvent représenté surmontant ou terrassant un monstre, victoire du Ciel sur la Terre, de la Lumière sur la Nuit, du Bien sur le Mal, et, pourquoi pas, de la Civilisation sur la Barbarie. On trouve des traces de son culte non seulement en Gaule mais aussi en Grande-Bretagne, en Allemagne, en Hongrie et en Croatie. Les statues de Taranis sont juchées au sommet de piliers ou de colonnes que l'on ne rencontre qu'en Gaule romanisée.

SAINTS PROTECTEURS

Dans nos régions, une vieille coutume incitait les paysans à porter dans leur poche, par temps orageux, une pierre de foudre comme talisman pour se garder du tonnerre. Encore aujourd'hui, des esprits crédules invoquent l'un ou l'autre parmi une vingtaine de saints concernés par la foudre. Les prières ne sont-elles pas des actions susceptibles d'apaiser le courroux des dieux ?

Dans les dictionnaires hagiographiques, j'ai trouvé répertoriés 76 saint Donat différents parmi lesquels l'évêque de Numidie du IVe siècle (270–355, Casae Nigrae), dit **saint Donat de Münstereifel** (appelé aussi **saint Donat d'Arezzo**), représenté avec un foudre ou faisceau de feu dans une main et, dans l'autre, soit une épée, soit un épi, montrant sa puissance et son pouvoir de protéger la moisson contre les intempéries.

En 1652, les reliques de **saint Donat**, enlevées des catacombes de sainte Agnès sur la splendide Piazza Navona de Rome, arrivèrent à Euskirchen (Allemagne), à trois lieues de (Bad) Münstereifel, leur destination finale, sous des averses impitoyables. Le lendemain, jour de la Transfiguration, fut marqué d'un véritable prodige. Au cours de la messe célébrée par le père jésuite Herde envoyé de Münstereifel à Euskirchen pour préparer le pèlerinage, un terrible orage éclata. Le tonnerre gronda à l'élévation et à la communion puis juste avant le dernier évangile un éclair tonitruant pénétra dans l'église et foudroya le père jésuite au moment où il invoquait saint Donat. Contre toute attente, le père se releva de sa commotion et, malgré les brûlures superficielles qui lui marquaient le corps, il conduisit le cortège triomphal d'entrée des reliques à Münstereifel, ce joli petit village près de Bonn qui mérite une excursion dominicale à la bonne saison, croyez-en mon expérience !

L'invocation de saint Donat (*cf. figure* 5) comme saint protecteur contre les effets néfastes de la foudre était consacrée. Ce n'était évidemment pas un miracle : le plus souvent, le courant de foudre ne traverse pas le corps humain mais passe par ses parties les plus conductrices à savoir la peau ionisée sous les vêtements humides. Les vêtements éclatent ou brûlent localement, la traversée du cœur et des poumons étant plus rare… On peut donc aisément en réchapper !

Les exemples de prêtres et de fidèles foudroyés dans les églises ne sont pas rares, ce fait suggéra à Camille Flammarion de traiter la foudre, sinon de *mécréante* ou d'*antireligieuse*, au moins d'irrespectueuse des lieux saints. Que de superstitions !

Dans le monde chrétien catholique, la sainte la plus invoquée pour se protéger de la foudre est **sainte Barbe** (sainte Barbara), vierge et martyre (*cf. figure* 5). Selon la légende, Barbara, fille du satrape syrien **Dioscore**, née au IIIe siècle de notre ère, se convertit au christianisme contre la volonté de son père. Elle fut jetée en prison dans une tour et soumise aux supplices les plus atroces. Comme elle refusait de renier sa foi, Dioscore, à bout de patience, la traîna devant le juge Marcien qui la condamna à mort. Le père de Barbara n'hésita pas à la livrer aux bourreaux puis à lui trancher la tête lui-même de sa propre épée. Mais en redescendant de la montagne où il accomplit son forfait, Dioscore périt d'un violent coup de foudre. La légende ajoute que le juge Marcien fut aussi foudroyé peu après.

Figure 5 | Saint Donat et sainte Barbe.

C'est pourquoi sainte Barbe est associée au bruit et au feu. Historiquement, sainte Barbe n'aurait jamais existé. Retirée du calendrier catholique et donc de son culte depuis 1969, elle n'en reste pas moins fêtée, le 4 décembre, comme patronne des artilleurs, des canonniers, des sapeurs-pompiers, des mineurs... et de certains polytechniciens !

Elle est représentée tenant une tour et est souvent accompagnée de sainte Claire, toutes deux associées dans une même prière :

Sainte Barbe, sainte Fleur, vive la croix de mon Sauveur.
Tant que le monde te priera, du tonnerre tu le garderas.
Sainte Barbe, sainte Claire, arrêtez grêle et tonnerre !

MYTHOLOGIES AMÉRICAINES

Vu du désert du Sud-Ouest des États-Unis d'Amérique, le spectacle grandiose d'un ciel scintillant d'éclairs paraît extraterrestre. Sous un tel ciel, les Indiens conjurèrent leur frayeur en un mythe, celui d'un esprit tel **Ahayuta**, dieu de la foudre et de la guerre chez les Zuni du Nouveau-Mexique (**Yeis** chez les navajos), ou d'un dieu ailé, d'un *Oiseau de Tonnerre*, tel **Amoncas**, chez les

Kwakiutl, sur la Côte Pacifique canadienne. Cet oiseau de tonnerre *(cf. encart couleur 3)* est un aigle sculpté sur les mâts totémiques : ses battements d'aile provoquent le tonnerre qui gronde et roule dans le ciel, des éclairs fulgurants jaillissent de ses yeux étincelants, comme ils jaillissent de l'œil unique fulgurant de chacun des trois Cyclopes, l'aigle est si fort qu'il peut soulever une baleine dans ses griffes terrifiantes. Malgré cela, l'oiseau de tonnerre n'a pas d'esprit maléfique, car s'il est responsable des orages, il procure l'eau qui donne la vie aux forêts et aux plaines, offrant ainsi fertilité et fécondité.

L'Oiseau de tonnerre ou **Oiseau-Tonnerre**, au terrifiant pouvoir à la fois créateur et destructeur, se rencontre aussi en Mésopotamie antique, sous la forme du dieu **Zu**, mais encore en Sibérie, au Pérou, au Mexique, chez les Zoulou et les Baziza en Afrique du Sud où être frappé par la foudre signifie être déchiré par les *griffes de l'Oiseau de Foudre.* L'aigle féroce dévore les poissons et meurt aussitôt, son cadavre servant d'ingrédients à la médecine locale.

Chez les Amérindiens, les dieux de la foudre étaient d'abord des dieux de la pluie et de la fertilité, personnifiés par un être mythique vêtu avec splendeur et portant une coiffure de plumes multicolores : **Tlaloc** chez les Aztèques, **Cocijo** chez les Zapotèques, **Aktsin** chez les Totonaques, **Tzahui** chez les Mixtèques, **Illapa** chez les Incas ou **Chac** chez les Mayas sont à la fois des dieux de la pluie, de la fertilité, puis de la foudre. Attentifs aux activités d'Illapa, les agriculteurs péruviens le suppliaient de leur accorder l'eau en suffisance, aussi lui offraient-ils de grands sacrifices humains en cas de sécheresse prolongée. La foudre y est aussi liée à la divination, puisque les devins incas tenaient leur don du fait qu'ils aient été frappés par la foudre.

Chac suscite la foudre avec des haches de pierre et projette la pluie en renversant des calebasses remplies d'eau. Suite à une longue période de sécheresse, les Mayas s'installent loin de leur camp, prient, jeûnent et pratiquent l'abstinence sexuelle.

Le *tonnerre*, associé à l'éclair issu des yeux étincelants, est le bruit résultant d'un ensemble des réfractions acoustiques. Ce sont les cris et les battements d'ailes de l'Oiseau de Tonnerre. C'est aussi le rugissement terrifiant du jaguar ou du puma céleste.

Chez les Desana (ou Fils du Vent) des forêts humides du bassin amazonien en Colombie et au Brésil, le craquement du tonnerre est le hululement du hibou, prédateur nocturne aux battements d'ailes silencieux, messager funeste de la mort. L'éclair n'y est pas une arme brandie par les dieux mais une partie essentielle du grand cycle de l'énergie, la matière première de la vie et de la magie, la fertilité exprimée en lumière palpable, une semence originaire du Soleil, le sperme qui porte la vie ! La foudre, en tant que symbole du mâle pénétrant la femelle, se retrouve, notamment, chez les Dagara, au Ghana et au Burkina.

MYTHOLOGIES AFRICAINES

En Afrique subsaharienne, essentiellement chez les Yoruba, au Bénin et au Nigéria, le grand roi guerrier **Shango** devenu dieu de la foudre (qui lui permet de gouverner) et de la pluie. J'ai passé toute une semaine autour de Kétou, jolie ville béninoise, pour aller à sa rencontre.

Figure 6 | Oshé Shango et féticheuse du tonnerre (Bénin).

Là, les féticheuses du tonnerre portent l'*oshé*, son emblème, insigne de dignité de ses prêtresses *(cf. figure 6)* ; c'est une bipenne, double hache stylisée en bois, dont le manche est souvent sculpté en forme de corps féminin, nu, signe de pureté rituelle, et agenouillé, par respect pour les dieux et les rois.

Les sanctuaires de Shango sont ornés de statues de femmes et de mères à l'enfant. Shango préside aux naissances. Ses attributs ne sont pas que la foudre, le vent, la pluie fertilisante, mais aussi la fécondité, le pouvoir de germination des plantes et la lutte contre les maladies contagieuses. **Shango**, mon dieu africain préféré, est viril et gaillard, violent et justicier. Il châtie les menteurs, les voleurs et les malfaiteurs. La mort par foudroiement est donc particulièrement infamante. Une maison foudroyée est une maison marquée par la colère de Shango. Le mercredi (et non le jeudi) lui est consacré. Le sang des animaux sacrifiés à Shango, souvent des béliers dont les coups de tête ont la soudaineté de l'éclair, est versé sur les pierres de foudre, les *edun ara* (*cf. figure 7*), lancées par Shango, telles des météorites, pour en maintenir la force et la vitalité.

Figure 7 | Yoruba béninois triant ses pierres de foudre (Bénin).

Plus que d'autres dieux, Shango a marqué les immigrants africains de son empreinte. On le retrouve au Brésil, actif dans les fameux candomblés de Bahia, le vaudou local, et dans les Caraïbes, notamment à Cuba et à Haïti. En Haïti du Sud, Shango continue à contrôler les cieux impétueux, alors qu'en Haïti du Nord, il est syncrétisé avec **Saint Jean-Baptiste** (Santiago), un être si violent qu'en vue de réduire sa puissance, Dieu le saoule le jour de sa fête qui tombe le 24 juin, c'est-à-dire en plein été orageux aux Caraïbes. À Cuba, malgré son caractère viril, Shango est syncrétisé avec **sainte Barbara** (sainte Barbe), sainte associée aux choses tonitruantes. Au Brésil, Shango est syncrétisé avec **saint Jérôme**.

Figure 8 | Porte de non-retour avec Xévioso en bas-relief à Ouidah (Bénin).

À Ouidah, sur une jolie plage du Golfe du Bénin, la Porte de Non-retour *(cf. figure 8)* symbolise le lieu où étaient embarqués les esclaves noirs qui allaient coloniser l'Amérique Centrale et l'Amérique du Sud après une longue et mortifère traversée de l'Atlantique. Au pied de cet immense monument, on trouve des sculptures de Shango et de **Xévioso** (ou Hévioso), son homologue chez les Fon. Xévioso a l'aspect d'un bélier qui promène sa fureur dans les nuages, vomit la *hachette* qui, vive comme l'éclair, frappe et tranche avec un bruit de tonnerre et un jaillissement d'étincelles. Xévioso est aussi un dieu guerrier à silhouette humaine. Je l'ai découvert à Zwengue, un petit village du sud du Bénin. Mais si Xévioso est un dieu guerrier, il est jumelé à **Goun**, le héros civilisateur qui dispense une pluie fécondante.

La *hache à double tranchant* ou *bipenne* de Shango est à la fois destructrice et protectrice, en dualité d'énergies contraires (mort-vie) que l'on retrouve dans le vajra d'Indra ou dans le mjöllnir de Thor.

La *hache* est simple chez les Fon. Chez les Bambara, le démiurge **Faro** utilise plutôt le *fouet*. La hache à simple tranchant est aussi présente chez les Dogon et les Bambara du Mali, hache que le dieu des eaux et de la fécondité lance du Ciel sur la Terre. Les *haches de pierre* ou pierres de foudre, recueillies dans les sanctuaires réservés à ces dieux, sont utilisées dans des rituels pour combattre la sécheresse ou sont plantées en même temps que les semences afin d'en accélérer la germination. Ces *pierres de foudre (cf. figure 9)* peuvent attirer ou repousser la foudre : suspendues au toit de la case, elles écartent la foudre ; a contrario, déposées sous un abri au milieu de la brousse, elles l'attirent. Cet exemple rappelle l'attitude des guerriers gaulois qui plantaient de longues épées, pointes en l'air, le long des rivières et se couchaient par terre dans leur environnement immédiat, se croyant ainsi protégés contre la foudre.

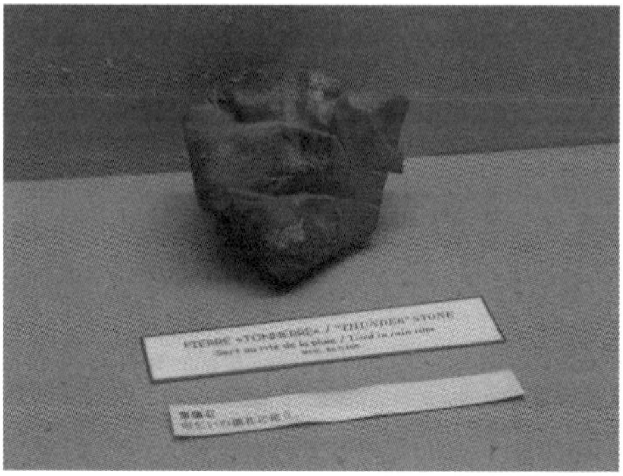

Figure 9 | Exemple de pierre de foudre en Nouvelle-Calédonie (Musée de Nouméa).

Au Gabon, chez les Fang, on place une pierre de foudre entre les jambes des parturientes afin de faciliter leur accouchement. Curieux parallélisme, les accouchées yakoutes d'Asie Centrale boivent des morceaux de pierre de ce genre dilués dans l'eau pour se débarrasser facilement de l'arrière-faix. Souvent percée en son centre, la pierre de foudre est un symbole vaginal.

Lors d'une mission au Zimbabwe, j'ai eu le privilège de déjeuner à Harare avec le Docteur Sibanda, à l'époque Secrétaire des Affaires légales et culturelles, une personnalité impressionnante. Il se disait sorcier ! Il me conta d'adorables histoires sur le pouvoir des ingrédients magiques et secrets qu'il versait dans ses énormes calebasses. En effet, on vient le consulter régulièrement soit pour conjurer le danger, soit pour jeter un mauvais sort à un rival ou à un ennemi ou même le faire disparaître incognito sous l'action efficace de la foudre… et il se vantait de ses nombreux succès.

Chez d'autres peuplades africaines, la foudre est personnifiée en un oiseau magique (*Umpundulo* chez les Basuto) ou un *serpent* (*Ambelema* chez les pygmées Bakango), comme dans le Japon ancien (province d'Izumo), où le serpent était considéré comme le dieu du Tonnerre, de l'Orage et de la Pluie, et associé à **Susanoo**, un dieu tantôt méchant, tantôt bienfaisant et même fécondant.

En Afrique australe, les ombrettes exaltées, ou oiseaux de tonnerre, séjournent dans le *Molalatladi* (la Voie lactée, confondue avec l'arc-en-ciel). Par projection d'éclairs sur Terre, ils aident les êtres humains dans leur recherche du sens. **Inkosatana**, dieu Swazi du Ciel, a pour empreinte l'arc-en-ciel et pour expression la foudre.

Chez les **Songhay** du Haut-Niger, **Dongo**, un esprit céleste, essayant une nouvelle arme foudroyante au-dessus d'un village, en tua accidentellement tous les habitants. Embarrassé, il chercha un moyen de se racheter ; dans sa sagesse, son grand-père lui offrit un pot d'eau que Dongo, repenti, accumula dans ses joues. Retournant sur les lieux de son méfait, il projeta l'eau sur les morts qui ressuscitèrent instantanément.

MYTHOLOGIES ASIATIQUES

Dans la mythologie taoïste chinoise, la foudre est réellement apprivoisée. Elle est la conséquence du conflit entre le *yang* (l'air chaud, symbole masculin) et le *yin* (la pluie froide, symbole féminin). La divinité suprême qui préside aux mystères de la foudre est **Lei-tsou**, président du Ministère du Tonnerre et des Orages, constitué de vingt-quatre dignitaires dont les principaux sont, outre **Lei-tsou** lui-même en tant qu'ancêtre du tonnerre, son adjoint **Lei-kong** (*cf. figure 10*), duc du tonnerre, homme bleu ailé, hideux, affublé de vilaines griffes, qui punit les humains de leurs crimes les plus secrets ; Lei-kong ne peut créer que le tonnerre ; la pluie est l'œuvre de **Yu-che**, maître de la pluie ; le vent est fabriqué par **Fong-pé**, le Comte du vent ; quant aux éclairs, ils sont le travail de Mère Foudre **Tien-mou**, la mère des éclairs, représentée tenant un miroir dans chaque main afin de diriger l'intense lumière vers les humains, avec effets plus destructeurs que fertilisateurs. Le *Yi-king* associe le tonnerre à la crainte, à la guerre, à la mesure et à l'équilibre qui en résultent. Le tonnerre, ébranlement du monde et de la

Figure 10 | Lei-kong (Chine), duc du tonnerre.

nature, sort des ruptures du yang et du yin. Dans le tantrisme, le vajra est identifié au phallus, producteur de l'énergie créatrice.

Dans le plus ancien bouddhisme japonais, pendant le culte, le prêtre utilisait une sorte de fourche à cinq dents, appelée *go-ko*, afin de repousser le démon. Go-ko attirait **Aizen-Myôô**, divinité féroce à six mains, coiffée d'une tête de lion à la crinière surmontée d'un vajra à cinq pointes. Dans l'une de ses mains, ce démon de la foudre tient une *pierre de foudre*, emblème des manifestations orageuses.

Au Japon, à Kyoto, au Sanjü-Sangendö, le magnifique Temple des Mille et un Bouddhas est entouré de 30 représentations d'esprits dont l'un, **Raiden** ou **Raijin**, dieu du Tonnerre, qui secoue Ciel et Terre de ses coups fracassants *(cf. encart couleur 4)*. Le but était d'exciter la terreur en figurant la redoutable puissance des dieux de l'orage.

La sagesse bouddhique népalo-tibétaine voue un culte intense aux **bodhisattvas**, les bouddhas à venir, puissants, compatissants, qui offrent aux humains aide et protection. Dans l'une de ses mains, **Vajrapani** tient un *dordje* (ou *vajra*, élément actif et masculin), le diamant pur et dur, symbole viril foudroyant de la compassion active (symbole de stabilité et de méthode dans le bouddhisme) et, dans l'autre, un *drîlbu* (ou *ghanta*), la clochette rituelle, symbole féminin de la sagesse, rappel de l'impermanence. L'illumination, l'équilibre, viennent de la symbiose entre sagesse impermanente et compassion active. De nombreux bodhisattvas arborent le sceptre foudroyant : Vajrasattva, Vajradhara, Vajrapani… En tant qu'instrument divin, le *dordje* népalo-tibétain représente la Méthode, opposée à la Sagesse ou à la Connaissance, symbolisée par le *drîlbu* (la clochette, élément passif et féminin) au bruit rappelant le tonnerre *(cf. encart couleur 6).*

Dans la mythologie vietnamienne, l'Empereur de Jade, qui préside aux phénomènes atmosphériques, a dépêché sur Terre **Thiên Loï**, dieu de la foudre, avec pour mission de châtier les criminels, les fils impies et tous ceux qui commettent de graves fautes morales ou qui sont prédestinés à être foudroyés, y compris les animaux qui, par leur exceptionnelle longévité, deviendraient des esprits malfaisants. Pour accomplir sa tâche en justicier divin, Thiên Loï lance une hache sur la tête de ses victimes. En même temps, il heurte avec un marteau les tambours suspendus autour de son corps, produisant ainsi le roulement du tonnerre. On le représente comme un être d'une extrême laideur, avec la tête et les pattes d'un coq. Ce dieu de la foudre est connu comme un exécutant borné, frappant sans discernement là où on lui dit de le faire. Sa maladresse est telle qu'une jeune fille s'en sortira indemne simplement parce qu'elle prit une position ramassée, les fesses tendues vers le ciel. Pas étonnant que ce dieu soit tourné en dérision.

Aux Philippines, des pierres de foudre incisées du Néolithique, datées de 2680 av. J.-C., et appelées dents du tonnerre (*duldug*), furent trouvées au pied d'arbres foudroyés (à Palawan, Cagayan…) ; elles furent probablement utilisées dans la sculpture sur bois. En d'autres endroits, des coquillages jouent le même rôle.

Figure 11 | Ceinture de foudre (à gauche), portée par des jeunes filles philippines (à droite) pour se protéger contre la foudre (Musée National de Manille).

Les *ceintures de foudre* (*cf. figure 11*), ornées de coquillages et portées par les jeunes filles philippines (parfois aussi par de jeunes garçons !), sont censées les protéger contre la foudre.

MYTHOLOGIES OCÉANIENNES

L'Océanie aussi est très riche en mythologies de la foudre. En Terre d'Arnhem (Australie du Nord), région tropicale, chaude et humide, on trouve probablement les plus anciennes peintures rupestres avec motifs de foudre *(cf. encart couleur 5).*

Les Aborigènes de cette région racontent l'histoire du géant **Djambuwal** qui gardait les plages contre les nouveaux arrivants. Il utilisait une énorme épée *Larrapan*. Les envahisseurs venant de l'archipel indonésien réussirent à vaincre Djambuwal. Mourant, ce dernier jura qu'on entendrait sa voix terrifiante à chaque orage. On voyait

Larrapan traverser le ciel austral comme une étoile filante et ricocher sur les rochers, provoquant des étincelles très énergétiques, un jaillissement d'éclairs sources d'énergie.

À l'ouest de cette Terre d'Arnhem, les Gunwinggu affichent une légende beaucoup plus sinistre : **Namarragon**, l'Homme de Foudre, erre dans les cieux, une épée dans chaque main. Pendant la saison des pluies, il sort de la mer et vit dans les nuages. Mais il n'est pas qu'un phénomène météorologique ; de sa voix tonitruante, il admoneste les foules. Si certains commettent des péchés, il siffle avec férocité et ses épées transpercent le Ciel d'arcs étincelants, faisant éclater les arbres, fissurant le sol et tuant les pécheurs. Il incinère les femmes infidèles et leurs amants adultères dans l'enfer du feu céleste.

Ces deux conceptions d'un même mythe coïncident avec les différences climatiques des deux régions : foudre tropicale ravageuse chez les Gunwinggu, foudre tempérée, moins agressive en Terre d'Arnhem.

Chez les Maoris (Nouvelle-Zélande), **Tane**, dieu anthropomorphe, sépare ses parents Rangi (le Ciel) et Papa (la Terre) pour créer le monde en utilisant la puissance de la foudre, le feu surnaturel (ahi tipua). Le dieu mythique de la foudre que l'on trouve partout en Polynésie s'appelle **Tawhaki**. Il se promène dans le Ciel et exhibe sa puissance en éjectant des éclairs de ses aisselles. Mais il y a plusieurs formes d'éclairs : les éclairs plats sont la manifestation de la Dame de Foudre (Hine-teuira), alors que les éclairs en zigzag (en fourche) relèvent de l'Homme de Foudre (Tama-te-uira). Le tonnerre (**whaitiri**) se démultiplie également, mais la voix de la Dame du Tonnerre (Hine-whaitiri) est la plus souvent entendue au cours de différentes cérémonies.

MYTHOLOGIES DU MONDE ENTIER

En mars 1994, la tour centrale (haute de 65 m) du splendide temple d'Angkor Vat au Cambodge fut frappée par la foudre. Un des deux co-premier ministres de l'époque s'envola aussitôt vers le site afin d'y présider une cérémonie religieuse. Il y eut peu de dommages sur la structure du temple vieux de huit siècles, mais ce phénomène naturel fut interprété comme un très mauvais présage qu'il fallait effacer en organisant des rites propitiatoires. En effet au Cambodge, Angkor est un symbole de puissance, de grandeur et d'immortalité. Peu après cet événement, j'ai visité ce site enchanteur. On y réparait la fameuse tour. Pas loin de ce temple, j'ai découvert le temple inachevé de Ta Kéo, muni de cinq tours sur une base pyramidale et dont les murs sont dépourvus d'ornements : celui-ci ne fut jamais achevé et est délaissé car il avait été foudroyé au cours de sa construction.

La foudre a donné naissance à de nombreux mythes dès l'aube des civilisations. Ces mythes sont une projection apaisante de l'angoisse humaine. À travers eux, s'organisent les exigences profondes et les rêves des hommes. Car les récits mythiques décrivent des comportements sur lesquels le temps n'a pas d'effet. Ils montrent que, depuis les origines, sous toutes les latitudes, l'homme n'a guère changé puisque, dans l'inconscient collectif, il tente de se référer constamment au sacré, tout en restant sans cesse animé des mêmes sentiments d'amour, de haine, d'ambition, de crainte, de vengeance et de compassion.

BIBLIOGRAPHIE

Bonnefoy Y., Dictionnaire des mythologies, deux volumes, Flammarion, 1981.

Chevalier J., Gheerbrant A., *Dictionnaire des symboles*, Robert Laffont/Jupiter, Paris, 1982.

de Duve C., *Construire une cellule, essai sur la nature et l'origine de la vie*, De Boeck Université, Bruxelles, 1990.

Guiraud F., *Mythologie générale*, Larousse, 1992.

www.futura-sciences.com/magazines/environnement/infos/dossiers/d/meteorologie-foudre-menace-ciel-1512.

www.belgorage.com/dossier-pedagogie-mediatheque-interview.php (interview Mythologie).

2

Bref historique

ANTIQUITÉ

Vers 1500 avant notre ère, les Étrusques, qui s'adonnaient à l'observation de la nature, furent les premiers à réaliser que les pointes avaient un pouvoir attracteur pour la foudre.

Figure 12 | Feux de Saint-Elme sur les mâts d'un bateau.

Les prêtres égyptiens firent construire, autour de leurs temples, de hauts mâts garnis de lamelles de cuivre, précurseurs des paratonnerres à tige. Par temps d'orage, des aigrettes mystérieuses jaillissaient des sommets, terrorisant leurs ouailles qui craignirent les dieux. Ces *effluves* (décharges partielles dans l'air), connus aujourd'hui sous le nom d'*effet de couronne* (ou *effet corona*, *cf. annexe*), intriguaient car les gens de l'époque étaient dans l'impossibilité d'expliquer ces phénomènes. Les navigateurs du XVe siècle les appelèrent *feux de Saint-Elme* (*cf. figure 12*). Ils les observaient en haut des mâts des bateaux et les considéraient comme un signe de protection de saint Elme (*Elme* ou *Erasme*, martyr à Formie en Campanie, sous Dioclétien) ; par temps orageux, saint Elme était invoqué par les marins en Méditerranée.

Dès 60 avant notre ère, le poète et philosophe latin Lucrèce expliqua le phénomène sans faire appel à la puissance des dieux. Bien qu'il ne fût pas physicien, il évoquait les *atomes originels de la foudre* qui pénétraient la matière en feux liquides et se rapprochait ainsi des conceptions scientifiques modernes. Voici en quels termes élégants il traduisait la constatation d'Aristote selon laquelle l'éclair progresse beaucoup plus vite que le bruit du tonnerre.

L'éclair brille au moment où le choc de la nue
A délivré la flamme en son sein retenue ;
C'est ainsi, d'un caillou, déchiré par le fer,
Que l'étincelle sort et s'élance dans l'air.
La foudre emplit les cieux d'une flamme vermeille
Avant que son tonnerre ait frappé notre oreille !
Son éclat, à nos yeux, se peint, au même instant,
Mais le choc au tympan arrive lentement.
Vois de loin l'émondeur dont la hache mutile
De l'arbuste infécond la parure inutile :
Du coup qu'il a porté l'œil a suivi l'essor,

Les rameaux sont tombés, le bruit chemine encore !
D'un vol inégal, la foudre et la lumière
En deux temps différents, suivent leur carrière.

Dans l'Antiquité, des esprits téméraires tentèrent de réagir à leur manière contre la foudre et ses éclairs. Jules César portait une couronne de lauriers sur la tête pour s'en préserver, car Pline avait constaté (à tort !) que la foudre ne tombe jamais sur le laurier. Quant aux empereurs romains Auguste et Alexandre Sévère, ils rampaient sous la dépouille d'un veau pendant les orages.

Dans son Histoire de Rome, Tite-Live cite 73 exemples de foudroiements sur les édifices les plus élevés de la ville et en déduit que Jupiter se fâche face à l'orgueil des humains qui veulent construire aussi haut. Le Sénat romain décida que tout impact de foudre fût déclaré et ordonna aux municipalités pénitences, prières et sacrifices pour chaque édifice endommagé. Une vingtaine de chèvres furent ainsi sacrifiées.

Les Anciens impliquaient la foudre dans les actes de la vie privée et de la vie publique. À la mort de Jules César, la foudre retentit près du Capitole : le Ciel manifestait sa colère et annonçait la défaite de Brutus.

Plus récemment, le génie foudroyé de la Liberté au sommet de la colonne de la Bastille à Paris, le 8 avril 1866, fut interprété comme l'annonce des épreuves qu'allait subir la France.

DU MOYEN ÂGE AU SIÈCLE DES LUMIÈRES

La notion de catastrophe naturelle n'existait pas au Moyen Âge, tout au moins en Occident. L'Église catholique y dominait outrageusement de sa hauteur idéologique, imposant ses croyances et ses modèles de comportement. Elle considérait le foudroiement comme un avertissement, voire la punition d'une faute individuelle ou collective. Selon elle, la foudre ne frappait que les usuriers, les danseurs, les fornicateurs et autres blasphémateurs. Dans les célèbres *exemples*, récits ténébreux de l'époque, on lit, par exemple, qu'un homme ayant forniqué le jour de Pâques et communié le jour suivant sans s'être confessé fut foudroyé trois jours plus tard.

Jusqu'à la fin du XVIIe siècle, notamment chez le philosophe René Descartes, pourtant illustre auteur du *Discours de la Méthode*, on se fourvoya dans des explications singulières des causes de la foudre, explications aussi sottes qu'extravagantes.

N'oublions pas que l'Électricité est une science jeune, quasi inconnue avant le Siècle des Lumières !

Vers 600 avant notre ère, Thalès de Milet constate la puissance d'attraction à distance, sur des brindilles de paille, de l'ambre jaune frotté avec un tissu ou une fourrure. Toutefois, il fallut attendre l'an 1600 pour que William Gilbert (1540–1603) justifie les forces d'attraction électrique de l'ambre (*elektron* en grec) et donne le nom d'électricité à une substance qui possède cette propriété d'attraction.

La quantité d'électricité acquise par un corps frotté est appelée *charge électrique (cf. encadré)*. La charge électrique produit une *force électrique* encore mal connue à l'heure actuelle. Si nous ne savons toujours pas ce qu'est intrinsèquement une charge électrique, nous en connaissons les effets.

Ce n'est qu'en 1660, en effet, que le célèbre maire de Magdebourg Otto von Guericke (1602–1686), qui s'était illustré grâce à l'expérience des demi-sphères jointives tirées par des chevaux en vue de mettre en évidence les effets inattendus de la pression atmosphérique, construisit la première machine génératrice de charges électriques. En 1729, Stephen Gray précise les différences de comportement entre conducteurs (électriques) et isolants (diélectriques). Étudiant les interactions entre corps chargés électriquement, la triboélectricité (électricité par frottement) et l'étincelle électrique, le chimiste français Charles-François de Cisternay du Fay (1698–1739) constate, dès

1734, que certaines charges s'attirent et d'autres se repoussent : il devait donc exister deux sortes d'électricité. Il conçoit également un électromètre à boules de sureau et à feuilles d'or.

CHARGE ÉLECTRIQUE

La charge électrique est définie à partir du courant électrique.
L'unité SI (Système International) de charge électrique est le coulomb (C) : le coulomb est la charge véhiculée par un courant électrique de 1 ampère (A) pendant 1 seconde (s).
L'expérience montre que la charge électrique totale d'un milieu isolé est complètement conservée et reste constante.
Sur un conducteur métallique sphérique, les électrons se répartissent uniformément sur la surface extérieure.
Si le conducteur a une forme quelconque, les charges se concentrent sur la surface extérieure des régions à plus faible rayon de courbure (pointes) ce qui justifie l'effet de pointe bien connu des physiciens qui se préoccupent des décharges électriques dans les gaz (étincelles, arcs, éclairs, etc., *cf. annexe A*).

Dans des cabinets de curiosités, salons scientifiques célèbres au XVIIIe siècle, l'Abbé Jean-Antoine Nollet (1700–1770) réalisa de nombreuses expériences d'électrostatique et en diffusa l'information. L'Américain Benjamin Franklin (1706–1790 ; *cf. figure 12*) découvrit l'électricité atmosphérique, inventa le premier paratonnerre (1752) et donna arbitrairement le nom d'électricité positive ou vitrée (frottement du verre sur la soie) et *négative* ou résineuse (frottement de la cire à cacheter sur de la fourrure) aux deux types de charges électriques. La loi déduite des travaux de du Fay s'énonce : *des charges électriques de même signe se repoussent, des charges électriques de signes contraires s'attirent.*

FORCE ÉLECTRIQUE

À l'image des forces gravitationnelles, une force électrique F entre deux charges ponctuelles q_1 et q_2 varie comme l'inverse du carré de la distance r qui les sépare. Coulomb établit que la force électrique varie proportionnellement au produit des deux charges en présence q_1 et q_2.

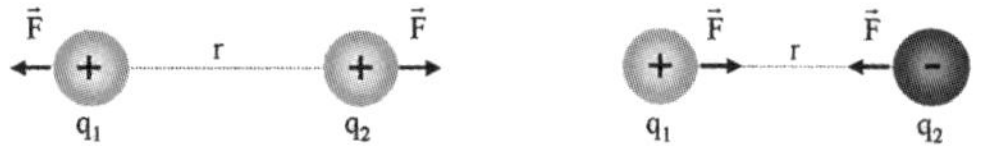

La force électrique F agit le long de la droite qui joint les deux centres de charges. Des charges de même signe se repoussent, des charges de signes contraires s'attirent (*cf.* dessin ci-dessus).
La loi de Coulomb s'énonce, k désignant une constante de proportionnalité à déterminer,

$$F = k \frac{(q_1\, q_2)}{r^2}.$$

La constante de proportionnalité k est définie en cohérence avec les unités choisies et est caractéristique du milieu dans lequel baignent les charges. Dans le vide ou dans l'air (où k n'y est inférieur que de 0,06 %),

$$k = 9.10^9 \text{ N.m}^2/\text{C}^2$$

Charles de Coulomb (1736–1806) quantifia la charge électrique et la force électrique attractive ou répulsive, faisant accéder l'Électricité au rang de science quantitative dès la fin du XVIIIe siècle.

À Leyde, le Hollandais Petrus van Musschenbroek (1692–1761) met au point, en 1745, le premier condensateur à stockage de charges électriques importantes, la fameuse *bouteille de Leyde*, « aplatie » par Benjamin Franklin pour en faire un condensateur plan.

Depuis toujours, la foudre a impressionné l'homme et son mystère resta entier jusqu'au milieu du XVIIIe siècle, époque de prodigieux progrès en Physique.

Les éclairs surgissaient en *matière électrique subtile*, analogues aux *étincelles électriques obtenues artificiellement*, soit en laboratoire, dès 1746, par Johann Heinrich Winkler, Professeur de philologie classique à l'Université de Leipzig, soit dans la nature, en 1747, par le marquis Scipione de Maffei de Vérone qui, grâce à des observations consciencieuses, eut la prémonition des éclairs ascendants. Rappelons ce fait scientifique bien connu aujourd'hui : *un éclair part toujours de la terre vers le nuage, non l'inverse (que laisse imaginer l'impression visuelle)* !

INFLUENCE ÉLECTRIQUE ET MISE À LA TERRE

Si un corps neutre A est un conducteur (métallique, par exemple) mis à la terre à l'aide d'un fil conducteur et que l'on approche un corps extérieur B chargé négativement, par influence (ou induction électrique), les électrons du conducteur A mis à la terre se déplacent le plus loin possible du corps extérieur B, c'est-à-dire qu'ils se dispersent dans le sol, laissant une charge positive sur le corps A.
Si on éloigne le corps extérieur B, les électrons reviennent et neutralisent la charge positive du corps A.
La Terre, réservoir de charges électriques négatives, a la potentialité d'emmagasiner une grande quantité de charges qui s'y dissipent.
Tout conducteur en bon contact avec le sol est dit mis à la terre afin de s'y débarrasser de toute charge électrique indésirable.

FRANKLIN OU DALIBARD ?

Grâce à l'éclat de son génie intuitif, Benjamin Franklin (*cf. figure 13*) découvre l'électricité atmosphérique. Croyant d'abord à un seul type d'électricité, il émet l'hypothèse d'une redistribution du fluide électrique par électrisation lorsque celui-ci passe d'un corps à un autre. Le premier corps, subissant un déficit de charges, fut dit *négatif*, le second, contenant un excès de charges, fut dit *positif*, d'où l'appellation arbitraire d'électricité *positive* donnée plus tard à l'électricité *vitrée* (obtenue par frottement du verre sur de la soie) et d'électricité *négative à l'électricité résineuse* (frottement de la cire à cacheter sur de la fourrure, par exemple). Franklin établit sa fameuse *théorie du fluide électrique.*

Il invente le *premier paratonnerre à tige*, suivant son *expérience du cerf-volant*, aussi célèbre qu'hypothétique, mais probablement réalisée en juin 1752 (ou seulement en septembre 1752 ?). Il réussit à charger une bouteille de Leyde et prouve la présence d'une charge électrique dans la nuée orageuse. Insistons toutefois sur le fait que, pour Franklin et les physiciens de l'époque, le paratonnerre à tige était censé protéger contre la foudre en déchargeant progressivement le nuage orageux, supprimant ainsi tout coup de foudre ultérieur, un fait bien démenti à l'heure actuelle.

Figure 13 | Benjamin Franklin (1706–1790), auteur du premier traité d'électricité, peint par Joseph-Siffred Duplessis en 1785 (Smithsonian National Portrait Gallery, Washington DC).

Dans sa prétendue expérience du cerf-volant, Franklin avait frôlé la mort, mais on ne le sut que plus tard. Faisant jaillir des étincelles entre son index et une clé métallique reliée à un fil de chanvre humide très légèrement conducteur, il eut bien de la chance dans son inconscience (*cf. figure 14*).

En effet, il serait mort s'il avait utilisé un fil métallique plutôt qu'une corde de chanvre humide, moins conductrice, le reliant au cerf-volant. Un expérimentateur allemand tout aussi téméraire, le Professeur Georg Wilhem Richmann, qui avait installé dans sa demeure de Saint-Pétersbourg une barre de fer traversant son toit et aboutissant à son cabinet de travail (et d'expérimentation), fut mortellement atteint par le premier éclair qui se manifesta, tandis qu'à ses côtés, Solokow, son dessinateur, s'en sortit avec des vêtements déchirés et brûlés.

Figure 14 | Expérience du cerf-volant, *supposée réalisée par Benjamin Franklin* (American Philosophical Society Library, Philadelphie).

Sur le toit d'une maison de Philadelphie, Franklin installa une tige métallique qui pouvait capter et neutraliser une décharge de foudre, grâce à son extrémité inférieure enfoncée dans le sol. Le *paratonnerre à tige* de Franklin était né. Il s'imposa d'abord aux États-Unis d'Amérique : dix mille exemplaires furent installés en moins d'une décennie. Son efficacité se vérifia aussitôt, tout particulièrement sur les clochers des églises, cibles privilégiées de la foudre. Par exemple, jusqu'en 1766, le campanile de la Basilique Saint-Marc à Venise avait été complètement détruit par la foudre à trois reprises ; après l'installation d'une tige de Franklin, il n'eut plus jamais à subir de tels outrages.

Les gens d'église n'en continuèrent pas moins à craindre que leurs ouailles, ne redoutant plus le feu du ciel, ne perdent ainsi le respect pour les œuvres de la divine création. Ce fut le contraire qui se produisit : plus les scientifiques enrichissaient leur connaissance de la foudre, plus ils admiraient la puissance de la Nature. La peur était conjurée, le mystère demeurait.

Figure 15 | Expérience de la tige de Marly, selon Dalibard (d'après À travers l'Électricité de G. Dary, Nony, Paris, 1901).

En France, en mai 1752, Thomas François Dalibard, qui avait traduit, à la demande du savant comte de Buffon, le livre de Franklin intitulé *Expériences et observations sur l'Électricité*, prépara la célèbre expérience de Marly-la-Ville, près de Paris (*cf. figure 15*). Coiffier, son assistant, fit jaillir des étincelles de 4 cm de longueur lors d'un orage. Contrairement au paratonnerre mis à la terre, la tige verticale de Marly était isolée du sol. Mais la machine de Marly n'avait pour but que de démontrer la nature électrique de la foudre, non de protéger un quelconque édifice contre celle-ci !

Phénomène à la mode, l'électricité atmosphérique fut expérimentée dans les *cabinets de physique* ou *salons de curiosités* qui succédaient aux cabinets de préciosité des courtisanes du siècle précédent. Les salons de curiosités étaient fréquentés à la fois par des scientifiques, des membres du clergé et de la noblesse, y compris de grandes dames. L'un des plus célèbres fut celui de l'Abbé Jean Antoine Nollet (1700–1770), savant réputé à Paris, véritable oracle de son temps en matière de Physique. Il aménagea chez lui un cabinet de campagne surmonté d'une tige de captation isolée. Il y donnait des cours privés de Physique expérimentale à la fois instructifs et attrayants, notamment en présence de Louis XV qui s'amusait de voir tressaillir à l'unisson une chaîne de personnes se tenant par la main, à travers laquelle il déchargeait une bouteille de Leyde. Il y expérimentait aussi le *baiser électrique*, sorte d'étincelle électrique entre les lèvres d'un couple de jeunes gens (d'où la *secousse électrique*) à partir d'une réplique de la première génératrice électrostatique d'Otto von Guericke.

Malgré son inspiration divine, dans son étude des similitudes entre la foudre et les étincelles de laboratoire, l'Abbé Nollet s'était complètement planté dans sa théorie fumeuse dite de l'*effluence et de l'affluence*. Fort de son intuition géniale sur la conservation de la charge électrique, Franklin, brillant autodidacte, eut raison de l'école européenne. Dommage que dans sa religiosité il ait proclamé :

Il a plu à Dieu, dans sa grande bonté pour l'humanité, de permettre aux hommes de découvrir le moyen de protéger leurs demeures contre les méfaits du tonnerre et de la foudre.

Figure 16 | Nouvelle statue de Jacques de Romas, inaugurée à Nérac, le 13 février 2010, en présence de l'auteur.

Un an après Franklin, un magistrat de Nérac (Gascogne) nommé Jacques de Romas (*cf. figure 16*), semblant ignorer les travaux d'outre-Atlantique, répéta avec succès l'expérience de Franklin en utilisant un cordon de cerf-volant de 240 m entouré de matériau conducteur sur toute sa longueur pour faciliter la conduction électrique. Il parvint à tirer de ce cordon des étincelles atteignant 20 cm de long, puis avec des cordes de plus en plus longues, de véritables arcs électriques se développant jusqu'à 3 m dans l'air.

En 1753, Gianni Battista Beccaria, Professeur de Physique expérimentale à l'Université de Turin, défend la théorie franklinienne et dénonce les erreurs de manipulations et d'interprétation commises par Nollet qui s'était véritablement et arrogamment attaqué à Franklin. De plus, il a pour la première fois l'idée d'envoyer des fusées vers les nuages, tirant derrière elles des fils conducteurs reliés à la terre, afin de soutirer de l'électricité des cumulo-nimbus. Cette idée géniale de Beccaria (utiliser de petites fusées pour amorcer des éclairs) est devenue extrêmement importante dans la seconde moitié du XXe siècle, lorsque des fusées furent tirées pour déclencher la foudre. Elles le furent d'abord à partir de voiliers et d'autres navires (notamment le *Thunderbolt* !) sur la côte de Floride.

Figure 17 | Parapluie-paratonnerre et chapeau-paratonnerre (France, fin du XVIIIe siècle).

Dans son *Discours sur l'interprétation de la Nature* datant de 1753, le philosophe Diderot voyait une grande révolution dans les sciences marquée par la nouvelle philosophie expérimentale, réalisation symbiotique de *ceux qui réfléchissent* et de *ceux qui se remuent*, face à l'autorité des seuls faits.

À la fin du XVIIIe siècle, toute personne cultivée, aux moyens suffisants, s'empressa d'installer un paratonnerre sur son habitation.

Dans un mouvement exacerbé de *néophilie*, on vit apparaître des *parapluies paratonnerres* reliés par un fil conducteur traînant par terre ainsi que des *chapeaux paratonnerres* portés par d'élégantes Parisiennes (*cf. figure 17*). Cette mode, comme toute mode, fut particulièrement éphémère.

L'AFFAIRE DE SAINT-OMER

En province, l'engouement fut moins marqué. Pour preuve, *l'affaire de Saint-Omer* dans le Pas-de-Calais. Un ancien avocat, physicien amateur, nommé Charles Dominique de Vissery de Bois-Valé avait fait ériger, en 1780, un paratonnerre à tige sur son toit. Ses voisins inquiets, craignant que les dieux ne punissent ce blasphème, gagnèrent le procès qu'ils intentèrent. De Vissery fit appel au Conseil d'Artois à Arras. Il y fut représenté par un jeune avocat brillant nommé Maximilien de Robespierre (eh oui !), chargé de défendre l'érection du paratonnerre. En gagnant cette affaire de main de maître, Robespierre résolut de façon convaincante le fond du problème qui tenait aux relations étroites entre la science et le droit. Il stipula que *les vérités sont fondées sur des faits particuliers*, indépendants de toute théorie. Ce procès exemplaire à rebondissements, procès des Lumières contre la superstition, dura jusqu'en mai 1783. De Vissery gagna en appel et put rétablir son paratonnerre. Le petit avocat provincial en acquit la notoriété que l'on sait. Voici un extrait du plaidoyer de Robespierre :

Les arts et les sciences sont le plus riche présent que le ciel ait fait aux hommes. Par quelle fatalité ont-ils trouvé tant d'obstacles pour s'établir sur la Terre ? Pourquoi faut-il que nous ne puissions payer aux grands hommes qui les ont inventés ou conduits vers la perfection, le juste tribut de reconnaissance et d'admiration que leur doit l'humanité entière, sans être forcés de gémir sur ces honteuses persécutions ? Malheur à quiconque ose éclairer ses concitoyens ! L'ignorance, les préjugés et les passions ont formé une ligue redoutable contre les hommes de génie, pour punir les services qu'ils rendront à leurs semblables.

Cette fantastique épopée illustrant la victoire sur les superstitions à la fin du Siècle des Lumières (le paratonnerre était alors considéré comme une application scientifique, symbole de lutte contre l'obscurantisme, victoire du génie humain contre le déchaînement des forces naturelles) ne fut pourtant pas suivie de découvertes percutantes au XIXe siècle, si ce n'est la production des premiers clichés photographiques d'éclairs, voire les mesures ingénieuses de la durée d'un coup de foudre qui est souvent inférieure à une milliseconde (1 ms).

AU XIXe SIECLE...

Toutefois, au XIXe siècle, on commença à rassembler de nombreuses données statistiques sur la localisation et la fréquence des foudroiements, notamment en France où ces statistiques étaient établies chaque année par le ministère de la Justice. On les trouve, par exemple, décrites de façon savoureuse, dans un remarquable ouvrage de Camille Flammarion, intitulé les *Caprices de la Foudre*, publié en 1905. Je ne résiste pas au plaisir de vous livrer un court extrait, assez éloquent quant au style humoristique de l'auteur.

En 1791 (...), une jeune paysanne était dans un pré pendant un orage, lorsque tout à coup apparut à ses pieds un globe de feu (...) qui arriva sur ses pieds nus, les caressa, s'insinua sous ses vêtements, sortit

(...) de son corsage (...) et s'élança dans l'air avec bruit. Au moment où le globe de feu pénétra sous les jupons de la jeune fille, ils s'élargirent comme un parapluie qu'on ouvre. Elle tomba à la renverse. Deux témoins du fait coururent la secourir. La pastourelle n'avait aucun mal. L'examen médical fit seulement remarquer sur son corps une érosion superficielle, s'étendant du genou droit jusqu'au milieu de la poitrine, entre les seins ; la chemise avait été mise en pièces dans toute la partie correspondante, et l'on remarqua un petit trou qui avait percé son corset de part en part.

Ces faits n'appartiennent pas à la légende. L'une des *fantaisies* de la foudre consiste à déshabiller ses victimes et à faire éclater leurs chaussures par l'onde de pression intense qui l'accompagne, pression pouvant atteindre axialement plusieurs centaines de fois la pression atmosphérique.

L'ouvrage de Flammarion relate des dégâts spectaculaires, des objets pulvérisés ou fusionnés, des arbres aux écorces éclatées, des personnes brûlées ou pétrifiées, etc.

Dans le domaine de la protection contre la foudre, la seule avancée technique importante du XIXe siècle est probablement la *cage de Faraday métallique (à mailles lâches)* du physicien et chimiste belge **Louis Melsens** (1814–1886), qui révolutionna la protection externe contre la foudre. En 1865, Melsens publia la première note sur son remarquable système de protection. Un paratonnerre du type tige de Franklin classique comprend trois parties : 1) la partie *captrice* qui attire la décharge de foudre ; 2) les conducteurs de descente (vers la terre) qui transfèrent la charge vers la terre ; 3) les conducteurs de terre qui dispersent le courant de foudre dans le sol.

Figure 18 | Exemple d'aigrette (à ne pas recommander !).

Melsens a fait subir à chacune de ces parties de profondes modifications. Pour ce qui concerne la première, il fait remarquer la non-efficacité de tiges élevées dans certains cas, le paratonnerre unique ne protégeant pas les objets placés dans un rayon égal au double de la hauteur du paratonnerre, selon les idées reçues de l'époque. En effet, la hauteur de la tige étant négligeable par rapport à la hauteur de la base du nuage, on pouvait se demander pourquoi une pointe placée près du sol ou près de l'édifice, ne soutirerait pas avec autant d'efficacité l'électricité d'un nuage qu'une autre, plus rapprochée, mais d'une quantité insensible. Se basant sur cette considération, Melsens supprime les tiges élevées, mais multiplie le nombre des pointes, en les disposant en éventail sur un conducteur (*aigrette* ; *cf. figure 18*). Là, sans connaître les mécanismes de la décharge découverts au XXe siècle, il commet une grave erreur : dans une aigrette, les charges d'espace créées autour de chaque pointe se chevauchent, élargissant ainsi la gaine corona globale qui, même légèrement, réduit ainsi l'effet de pointe !

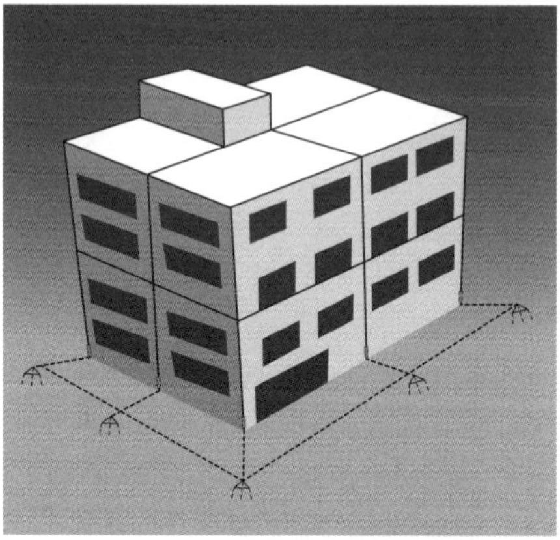

Figure 19 | Cage de Faraday (à mailles lâches) du type Melsens, après suppression des aigrettes inutiles.

Au contraire, la multiplication des conducteurs de descente dans la cage de Faraday divise favorablement l'amplitude du courant de foudre qui circule dans chacun d'eux (circuits parallèles) vers la terre. Cette idée de division du courant de foudre avait déjà été évoquée par Jacques de Romas en 1759, lui qui proposait de préserver les chambres à l'intérieur des habitations, en munissant les parois de fils métalliques reliés au sol, de manière à réaliser de véritables cages. Plus tard, Faraday reconnut qu'à l'intérieur d'une cage métallique, les effets électrostatiques sont inexistants. Se basant sur ce fait, Melsens conclut qu'il faut multiplier les conducteurs de descente, tout en les interconnectant ; de plus, toutes les pièces métalliques des façades doivent être interconnectées à deux de ces descentes au moins. L'ensemble de ces conducteurs embrasse l'édifice comme le ferait une cage de Faraday (*cf. figure 19*). Suite à ses expériences, il conclut également que l'écoulement du courant dans les conducteurs de descente, est indépendant de la nature du métal utilisé (le fer ou le cuivre se comportent de façon équivalente).

Au niveau de la dispersion du courant de foudre dans le sol, il montre l'intérêt de l'interconnexion de toutes les parties métalliques souterraines, entre elles (conduites métalliques, plaques...) et avec les conducteurs de descente.

En résumé, bravo à Melsens pour le principe d'utilisation de la cage de Faraday, à condition de supprimer ses *aigrettes*, ornements (multi-pointes) de toiture tout à fait inutiles (*cf. figure 18*) !

Les travaux réellement scientifiques n'apparurent qu'au début du XXe siècle, grâce aux caméras à objectifs tournants de Vernon Boys (1926). Celles-ci permirent notamment l'enregistrement de coups de foudre multiples sur l'Empire State Building à New York.

Dès le début du XXe siècle, des lignes électriques furent équipées de *barreaux magnétiques* qui s'aimantent de façon rémanente au passage de courants électriques intenses. Ces barreaux permettent une première estimation des amplitudes des courants de foudre qui frappent préférentiellement les lignes élevées. On en équipa de nombreuses tours et cheminées.

Grâce aux oscillographes cathodiques à post-accélération et à haute persistance, des scientifiques russes, britanniques et américains purent visualiser les formes variées des segments de trajectoire et les caractéristiques des composantes des courants de foudre.

Comment ne pas rendre hommage au grand scientifique Karl Berger qui consacra la seconde moitié du XXe siècle et donc toute sa vie active à l'observation et à l'étude des décharges électriques de foudre, dans sa station expérimentale du Mont San Salvatore, près du Lac de Lugano, en Suisse ?

Ses observations ont permis de préciser que, dans le cas d'un coup au sol, la décharge principale (ou contre-décharge) jaillit toujours du sol et se propage vers le nuage (et non l'inverse selon les idées reçues). Il montra que les formes d'éclairs sont simples, arborescentes (avec des tronçons quasi linéaires) ou exceptionnellement en chapelet, que la durée d'une décharge varie entre 0,1 ms et une seconde (coups froids durant moins de 10 ms incapables d'enflammer du bois sec, coups chauds au-delà de 10 ms pouvant provoquer des incendies) et que la décharge atmosphérique est simple (cas fréquent pour les coups positifs qui représentent 10 % des coups dans nos régions tempérées) ou multiple (majorité des coups négatifs comprenant en moyenne, dans nos régions tempérées trois composantes par décharge).

Où en sont nos connaissances à l'aube du XXIe siècle ? Nous simulons des décharges atmosphériques dans des laboratoires à haute tension jusqu'à dix millions de volts. Les chercheurs enregistrent et analysent des coups de foudre *in situ* dans des grandes stations expérimentales (américaines, brésiliennes, sud-africaines, japonaises, chinoises ou européennes) ou dans des sites de tirs déclenchés de foudre artificielle (Saint-Privat-d'Allier dans le Massif Central en France, Camp Blanding en Floride, laboratoire Langmuir au Noueveau-Mexique...), au cours de campagnes auxquelles mon équipe et moi-même avons participé. Par exemple, à Saint-Privat-d'Allier, Pierre Depasse, l'un de mes assistants, a réussi en 1991 à mesurer la plus grande amplitude du courant de foudre déclenchée grâce à l'envoi d'une fusée déroulant derrière elle un fil de cuivre entouré de kevlar et relié au potentiel du sol. Des observations globales et régionales de la foudre sont réalisées grâce à des satellites et divers systèmes de détection et de localisation des courants de foudre.

Grâce à l'observation en altitude à partir de ballons-sondes et aux navettes spatiales, des scientifiques ont récemment découvert des phénomènes lumineux transitoires, très étendus, au-dessus des cumulonimbus, liés aux phénomènes orageux (des *elfes*, des *sylphes* et des *jets bleus*), ainsi que des *rayonnements X et des rayons gamma* émis par une décharge de foudre supérieure au niveau de l'ionosphère.

Nous voici au cœur des recherches scientifiques actuelles.

BIBLIOGRAPHIE

Bouquegneau C., *La Foudre dans l'Histoire*, Revue Technica, Lyon, n° 536, avril 2003.

Dary G., *À travers l'Électricité*, Éd. Nony, Paris, 1901.

Flammarion C., *Les Caprices de la foudre*, Éd. E. Flammarion, Paris, 1905.

de Fonvielle W., *Éclairs et Tonnerre*, Hachette, Paris, 1885.

Koscielniak J.-P. (sous la direction de), Bouquegneau C., et al., *De la foudre aux Lumières : Jacques de Romas et le XVIIIe siècle néracais*, Éditions d'Albret, 2010.

Prinz H., *La détonante et étonnante électricité atmosphérique*, Bulletin de l'Association suisse des Électriciens, tome 64, 1973.

PARTIE 2 :

QUE NOUS DIT LA SCIENCE ?

La recherche scientifique dans le domaine de la foudre est aussi ancienne que celle touchant l'électricité. Dès le milieu du XVIIIe siècle, ce phénomène naturel intriguait les chercheurs de diverses disciplines. Deux siècles plus tard, le physicien écossais Charles T.R. Wilson (1869–1959), qui inventa la chambre à brouillard, fut le premier à déterminer la quantité de charges électriques présentes dans un nuage orageux, à partir de la mesure à distance du champ électrique rayonné (*cf.* définition du champ électrique en encadré).

Cette partie scientifique est traitée dans les trois chapitres suivants.

Au chapitre 3, nous nous intéressons prioritairement aux phénomènes atmosphériques qui engendrent les coups de foudre : le roi des nuages, le cumulo-nimbus, chargé électriquement, en est la source principale. Il apparaît rarement isolé, ce qui conduit à divers types de décharges : nuage-nuage (internuages ou intranuages), nuage-air ou nuage-sol.

Au chapitre 4, nous décrivons essentiellement la décharge électrique nuage-sol ou *éclair à la terre* et analysons les différentes caractéristiques des courants de foudre correspondants. Un paragraphe est consacré au concept de circuit électrique global, montrant le rôle important joué par l'ionosphère.

Au chapitre 5, nous étudions comment détecter et localiser les éclairs, voire les déclencher, et nous nous interrogeons sur la présence de la foudre sur d'autres planètes du système solaire.

3

Quelle est l'origine de la foudre ?

CARACTÉRISTIQUES DU CUMULO-NIMBUS

Le nuage orageux est le plus vigoureux des nuages. On l'appelle *cumulo-nimbus* ou *roi des nuages*. Les cumulo-nimbus se présentent rarement sous forme isolée, mais plutôt en agrégats. Ils diffèrent des autres nuages d'averses à la fois par l'échelle de leur extension tant verticale qu'horizontale et par leur aptitude à donner naissance à des *phénomènes électriques*.

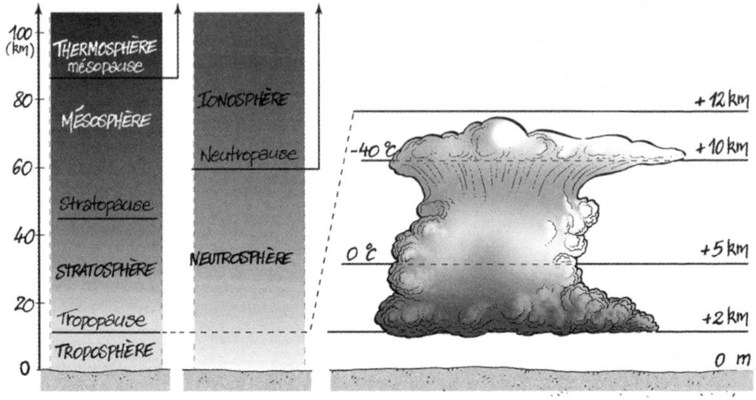

Figure 20 | Couches atmosphériques, régions électriques et cumulo-nimbus typique.

Un cumulo-nimbus isolé (*cf. figure 20*), a la forme d'une énorme tour verticale surmontée d'une zone supérieure en forme d'*enclume* et appelée enclume, située à une altitude variant entre 6 et 18 km, parfois davantage. Les cumulo-nimbus sont pratiquement tous observés dans la *troposphère* où la température décroît, en moyenne, jusqu'à la *tropopause*, limite supérieure de la troposphère.

NOMENCLATURE AÉRONOMIQUE

La *tropopause* a une altitude variable : d'environ 10 km aux pôles, elle peut dépasser 17 km sous les tropiques.

Au-delà de la tropopause, s'étend la *stratosphère* (*cf. figure 20*), région où, après une légère décroissance, suivie d'une valeur constante (jusqu'à 25 km d'altitude), la température augmente alors, en raison de l'absorption du rayonnement solaire par l'ozone, jusqu'à la *stratopause*, limite supérieure de la stratosphère, située à environ 45 km d'altitude. Dans la *mésosphère* (atmosphère moyenne), qui s'étend au-delà de la stratopause, la température décroît à nouveau pour atteindre son minimum à 85 km d'altitude, limite correspondant à la mésopause. Au-delà de la *mésopause*, la température croît constamment (1000 K à 750 km) dans la *thermosphère*.

Les électriciens distinguent deux régions dans la basse atmosphère : une région inférieure, appelée *neutrosphère*, où la concentration des particules chargées (électrons et ions) est insignifiante, jusqu'à l'altitude de 60 km, correspondant à la *neutropause*. Au-delà de celle-ci (de 60 à 500 km d'altitude), la région supérieure est appelée *ionosphère* ou *électrosphère* : la concentration de particules chargées y est nettement plus importante.

La hauteur des cumulo-nimbus est liée à l'altitude de la tropopause, fonction de la température. Variant avec la latitude, elle diffère selon les saisons. Elle atteint 17 km ou davantage (exceptionnellement 22 km !) sous les tropiques. Toutefois, dans les régions tempérées, à des latitudes moyennes, de 12 km l'été, elle décroît parfois jusqu'à 6 km l'hiver. La base d'un cumulo-nimbus, quasi horizontale est située généralement entre 1 et 2, voire 3 km du sol et occupe une surface de l'ordre de 10 km de diamètre.

NAISSANCE ET DÉVELOPPEMENT DU CUMULO-NIMBUS

L'extension verticale d'un cumulo-nimbus exige la présence de masses d'air instable, humide et chaud, donc d'importants gradients de température sur de grandes épaisseurs.

Dans sa *phase de développement* convectif, le nuage orageux isolé, plus chaud que l'air ambiant, monte rapidement et accroît l'instabilité propre de la masse d'air originelle au fur et à mesure que la vapeur d'eau se condense en altitude. Les courants ascendants aident le nuage à atteindre des hauteurs où la température est nettement négative, l'*isotherme* (courbe de température constante) de 0 °C étant située généralement aux environs de 4 ou 5 km d'altitude. Au sein de l'enclume, définie ci-dessus, les vitesses atteintes par les courants d'air sont de l'ordre de 30 m/s (mètres par seconde).

Les échos détectés par radar signalent la présence de précipitations liquides (gouttelettes) ou solides (cristaux de glace), maintenues en altitude par les courants ascendants rapides. Lorsque l'accumulation d'eau, sous forme solide ou liquide, devient telle que les courants ascendants ne peuvent plus supporter son poids, la pluie est prête à tomber. La *phase de maturité* du cumulo-nimbus commence avec les premières précipitations. Les averses s'intensifient sous la partie frontale du nuage et s'accompagnent de rafales de vent qui accroissent brutalement et passagèrement la pression ambiante. Une telle cellule orageuse contient habituellement une masse de plusieurs centaines de milliers de tonnes d'eau.

Les courants ascendants et descendants coexistent, mais ces derniers finissent par l'emporter : c'est la *phase de dissipation*. Le nuage répand alors ses dernières précipitations décroissantes avec le déclin des courants ascendants qui les alimentaient. Il se dissout suite à l'évaporation due au réchauffement adiabatique (c'est-à-dire sans échange de chaleur avec l'extérieur) des courants descendants. Il arrive que le nuage orageux se fragmente en laissant un voile de *cirrus à la place de l'enclume et quelques débris inorganisés au voisinage du sol. La durée de vie d'un cumulo-nimbus excède rarement une heure.*

Chaleur, ou plus exactement gradient de température, et humidité, même légère, sont indispensables à la formation des cumulo-nimbus. Chaque fois que l'un de ces deux facteurs manque, dans les régions polaires ou dans les régions désertiques par exemple, il ne se produit d'orage que très rarement.

LIGNES DE CHAMP ÉLECTRIQUE

Pour visualiser la distribution de forces entourant des charges électriques, on utilise la notion de champ électrique ou champ de forces électriques, une notion difficile à définir, sinon par ses effets.
Un champ de force (électrique) existe dans une région de l'espace si une charge électrique, placée en tout point de cette région subit une force électrique.
Considérons une charge électrique source positive +q uniformément répartie sur une petite surface sphérique.
Étudions son influence sur une charge électrique d'essai également positive $+q_0$. La charge d'essai est repoussée par une force radiale centrifuge (*cf. figure 21* ci-dessous et *encadré* du chapitre 2).

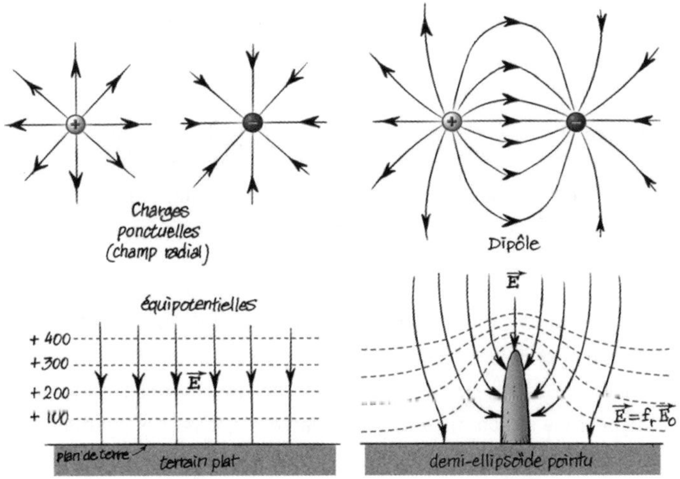

Figure 21 | Lignes de force ou lignes de champ électrique engendrées par quelques types de sources : charge ponctuelle positive, charge ponctuelle négative, dipôle électrique, atmosphère par beau temps en terrain plat, demi-ellipsoïde pointu.

SPECTRE ÉLECTRIQUE ET DÉFINITION DU CHAMP ÉLECTRIQUE

Les lignes de champ électrique forment le spectre électrique mis en évidence par Michael Faraday (1791–1867) vers 1812.
La force électrique subie par une charge d'essai positive en tout point de l'espace est dirigée selon la tangente à la ligne de force ou ligne de champ électrique en ce point.
Pour une charge électrique source négative, on obtient les mêmes lignes de force radiales orientées vers la charge source (forces centripètes, *cf. figure 21*).
La densité des lignes de force diminue proportionnellement avec la surface sphérique ($S = 4 \pi r^2$) ; elle est proportionnelle à $1/r^2$.
La concentration des lignes de force est donc proportionnelle au module de la force électrique. Plus les lignes sont concentrées, plus intense est le champ de force. Cette représentation favorise les interprétations de l'action charge-champ-charge justifiant une action à distance, mais elle ne dit pas de quoi le champ électrique est fait.
Quelle que soit la source, le champ électrique E en chaque point de l'espace a pour grandeur la force électrique F que subit en ce point une charge d'essai positive $+q_0$, divisée par cette charge électrique

$$E = \frac{F}{q_0} = k\,\frac{q}{r^2} = 9.10^9\,\frac{q}{r^2}\,.$$

Le volt par mètre (V/m) est l'unité de champ électrique utilisée dans le système SI. Les lignes de force (électrique) sont souvent appelées lignes de champ (électrique). Les lignes de champ électrique partent d'une charge positive et aboutissent à une charge négative. Les lignes de champ électrique total (plusieurs charges en présence) ne se croisent jamais.
À l'intérieur d'un conducteur chargé, le champ électrique est nul. Le champ électrique est perpendiculaire à la surface extérieure du conducteur, que le champ soit créé par le conducteur chargé lui-même ou par des charges induites sur le conducteur initialement neutre plongé dans un champ électrique externe. Cette propriété permet d'isoler du point de vue électrique n'importe quel objet en l'entourant complètement d'une **cage de Faraday**, c'est-à-dire d'une cage conductrice à l'intérieur de laquelle il n'existe aucun champ électrique.

Dans un nuage orageux, les charges électriques positives et négatives se séparent pour former un gigantesque *dipôle*, voire un *tripôle électrique. Ces charges électriques proviennent du frottement par collisions entre les petits cristaux de glace*, qui se chargent *positivement*, et les grosses *gouttes d'eau liquide* (en surfusion) agglutinées sous forme de sphéroïdes de dimensions centimétriques, qui se chargent *négativement*. Les petits cristaux de glace s'élèvent grâce aux courants d'air ascendants, les grosses gouttes liquides négatives, parfois appelées *hydrométéores*, descendent par gravité. Un champ électrique relativement intense apparaît.

Si ce champ électrique atteint la valeur de la *rigidité diélectrique* de l'air (*cf. encadré*), une décharge électrique de foudre est imminente à l'intérieur même du nuage.

RIGIDITÉ DIÉLECTRIQUE

On appelle rigidité diélectrique d'un milieu en champ électrique uniforme, la valeur limite du champ électrique avant que ne se manifeste la disruption dans ce milieu, c'est-à-dire la décharge électrique qui le rend conducteur.

Dans l'air ambiant, la rigidité diélectrique en champ uniforme vaut 30 kV/cm (kilovolts par centimètre) ou 3 MV/m (mégavolts par mètre ou millions de volts par mètre).

En champ électrique non uniforme, par exemple dans un éclateur pointe-plan, cette valeur décroît très rapidement avec l'acuité de l'électrode pointue.

Toute aspérité au niveau du sol provoque une augmentation du champ électrique superficiel local. Ainsi, au sommet d'un ellipsoïde pointu dont le rapport du grand axe au petit axe de la section elliptique longitudinale vaut 30, le champ électrique est renforcé d'un facteur 300 (*cf. figure 21, en bas à droite*).

Comme la rigidité diélectrique de l'air en champ uniforme vaut 3 MV/m, il suffit d'un champ électrique de 10 kV/m (kilovolts par mètre) pour initier un effet de couronne en son sommet, précurseur d'une décharge complète (cf. *annexe A*).

Une grande variété de conditions atmosphériques favorise les phénomènes orageux. Les cumulo-nimbus estivaux sont les plus classiques, mais la foudre apparaît aussi lors des tempêtes de grêle. Elle accompagne les tornades, les ouragans, les tempêtes de neige hivernales. Elle est présente dans les longs systèmes convectifs océaniques ou les systèmes convectifs terrestres dépassant une centaine de kilomètres d'expansion horizontale. En l'absence de courants ascendants suffisamment rapides et de mélanges de phases suffisamment intenses, la décharge de foudre ne se manifeste pas.

RÉPARTITION DE LA CHARGE ÉLECTRIQUE

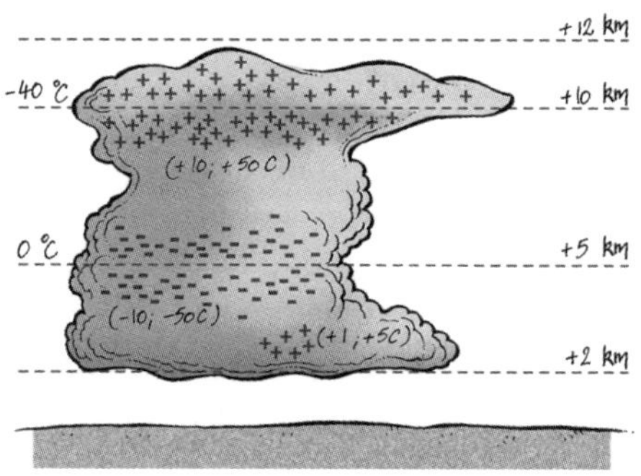

Figure 22 | Répartition des charges électriques dans un cumulo-nimbus isolé (tripôle).

Comme le montre la *figure 22*, dans la phase de maturité du cumulo-nimbus, un certain équilibre électrique (tripôle) s'établit entre l'énorme charge électrique positive de 10 à 50 C (coulombs), voire (jusqu'à) 300 C, assez diffuse de sa partie supérieure, et la charge électrique négative, tout aussi énorme, relativement concentrée verticalement (sur 1 km environ) dans sa partie médiane et séparée de la charge positive supérieure par une zone quasi neutre, ainsi que sous forme d'une petite poche positive, de l'ordre de dix pour cent de la charge positive supérieure (souvent comprise entre 1 et 5 C, parfois davantage), qui se maintient dans la partie inférieure du nuage en dessous de l'isotherme de 0 °C.

TYPES DE DÉCHARGES DE FOUDRE

Le type de décharge électrique le plus fréquemment rencontré est la *décharge intranuage*, c'est-à-dire à l'intérieur même du cumulo-nimbus (*cf. figure 23* ①). Plus rarement, la décharge se prolonge dans l'air à l'extérieur du nuage mais s'interrompt (*cf. figure 23* ②), on parle de *décharge dans l'air*. Parfois, une décharge initiée dans une partie chargée d'un premier cumulo-nimbus atteint la charge électrique opposée du cumulo-nimbus voisin (*cf. figure 23* ③), c'est la décharge *internuage*. La *décharge au sol*, moins fréquente que beaucoup le pensent, semble initiée préférentiellement dans la région inférieure du nuage où subsiste la petite charge positive (*cf. figure 23* ④), mais peut aussi avoir pour origine la charge négative médiane ou encore, mais moins souvent, la charge positive supérieure.

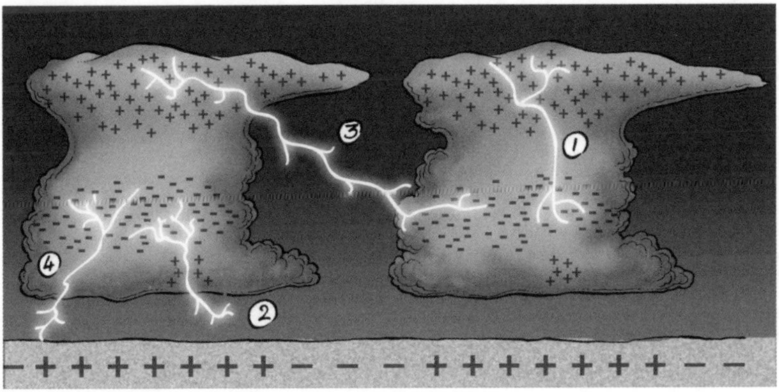

Figure 23 | Divers types de décharges de foudre : ① décharge intranuage ; ② décharge dans l'air ; ③ décharge internuage ; ④ décharge au sol.

L'été, dans les régions tempérées, dix pour cent seulement des décharges au sol sont positives. Les décharges négatives sont nettement majoritaires. L'hiver, ou toute l'année dans les régions de latitude élevée (régions polaires), la partie supérieure positive du nuage est plus proche du sol et la statistique des décharges au sol montre que les décharges positives ont autant de chances de se présenter que les décharges négatives.

POTENTIEL ÉLECTRIQUE

Autour d'une charge source q qui détermine un champ électrique dans son voisinage, approchons une charge d'essai q_0.
L'énergie potentielle électrique de la charge d'essai est proportionnelle à cette charge d'essai.
Si on divise l'énergie potentielle par q_0 on obtient l'énergie potentielle électrique par unité de charge d'essai ou *potentiel électrique* U ou simplement *potentiel* ou encore *tension* (électrique), nombre rationnel positif ou négatif associé à tout point de l'espace :

$$U = \frac{W}{q_0}.$$

L'unité de potentiel électrique est le volt (V).
Un volt est égal à un joule divisé par un coulomb (1 V = 1 J/C).
Le potentiel U à une distance r de la charge source q vaut

$$U = k\frac{q}{r} = 9.10^9\frac{q}{r}.$$

Prenons l'exemple d'un conducteur isolé sphérique de rayon r = 1 m et portant une charge de + 1 µC (microcoulomb). On trouve $U_R \approx 9$ kV et $E_R \approx 9$ kV/m.
Si le conducteur n'est plus à symétrie sphérique mais comporte certaines régions à rayons de courbure plus faibles (jusqu'à des pointes, par exemple), le champ électrique s'y trouve nettement renforcé (effet de pointes, *cf. figure 21, en bas à droite*).

Sans qu'il n'existe à l'heure actuelle d'observations en nombre suffisant, on estime que la fraction des décharges au sol, par rapport à l'ensemble des décharges, augmente avec la latitude (la température diminuant généralement avec celle-ci), les nuages étant de plus en plus bas et donc de plus en plus proches du sol. En moyenne, à l'échelle mondiale, on considère une décharge au sol pour trois (régions tempérées) à dix (régions équatoriales) décharges intranuages ou internuages.

Récemment, on a découvert d'autres formes de décharges dans l'air émanant de la partie supérieure du nuage orageux et progressant vers l'ionosphère, nous les décrivons plus loin.

COURBE DU CHAMP ÉLECTRIQUE AU VOISINAGE DU SOL

Dans sa phase de maturité, le cumulo-nimbus chargé électriquement a, à sa base, un *potentiel électrique* (*cf. encadré*) de l'ordre de 100 MV (millions de volts) par rapport au sol.

La *figure 24* représente le champ électrique que créent les charges électriques d'un cumulo-nimbus au voisinage du sol. En terrain plat, par beau temps (en l'absence de nuages orageux !), la composante verticale du champ électrique est de l'ordre de 100 V/m, à cause de la présence d'une charge électrique positive au niveau de l'ionosphère, et de charges négatives en même nombre au niveau du sol.

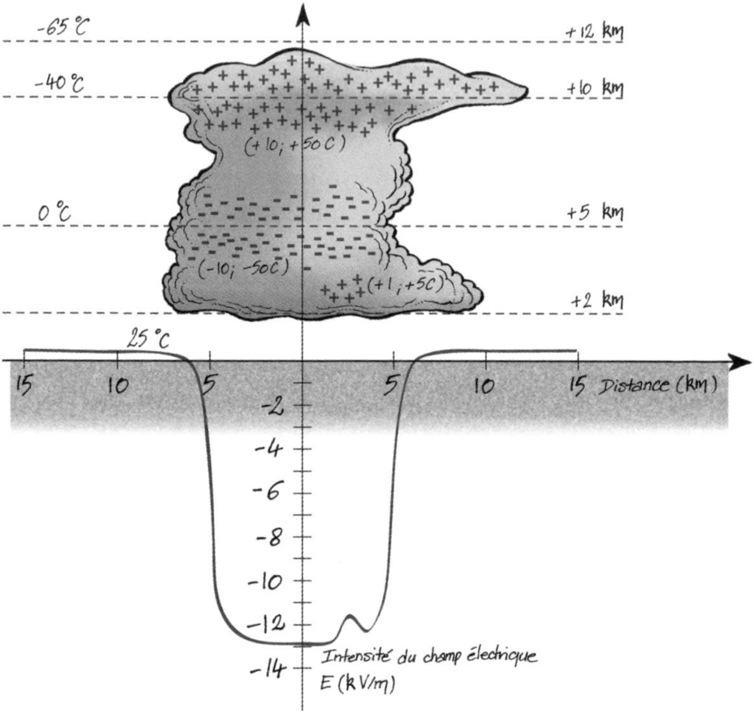

Figure 24 | Champ électrique créé par un cumulo-nimbus au voisinage du sol.

À l'approche du nuage orageux, qui se déplace à des vitesses pouvant atteindre 80 km/h, le champ électrique au niveau du sol s'inverse et croît fortement, car la base du nuage agit comme une charge négative nette importante par rapport à un sol qui s'électrise positivement. Dès que le champ électrique atteint des valeurs de l'ordre de 10 kV/m, c'est-à-dire dix mille volts par mètre, la décharge au sol est imminente.

BIBLIOGRAPHIE

Bouquegneau C., *Protection contre la foudre*, ANPI 136, Louvain-la-Neuve, Belgique, 2001.

Chalon J.P., *Combien pèse un nuage ?*, EDP Sciences, Les Ulis, France, seconde édition, 2014.

Rakov V.A., Uman M.A., *Lightning – Physics and effects,* Cambridge Univ. Press, 2003.

www.futura-sciences.com/magazines/environnement/infos/dossiers/d/meteorologie-foudre-menace-ciel-1512.

www.belgorage.com/dossier-pedagogie-mediatheque-interview.php (interview *Phénoménologie*).

4

Éclairs à la terre

FORMES ET CLASSIFICATION DES ÉCLAIRS

L'éclair est la manifestation lumineuse du coup de foudre. La décharge principale consiste en un *plasma*, c'est-à-dire un milieu ionisé dans lequel, macroscopiquement, la charge positive équilibre la charge négative (ce milieu est considéré comme le quatrième état de la matière). Les éclairs peuvent être *linéaires*, *ramifiés* (arborescents) ou parfois *en chapelet* apparaissant sur le fond des nuages et constitué de fragments lumineux en ligne pointillée correspondant aux zones de striction successives du plasma.

Malgré près de trois mille publications sur le sujet, il n'y a toujours pas de consensus sur (le ou) les mécanismes éventuellement responsables de la formation d'un plasma globulaire (*foudre en boule*). Bien que l'observation d'*éclairs en boule*, sous forme de sphères lumineuses associées au point d'impact d'une décharge nuage-sol, ne soit plus mise en doute, ceux-ci n'ont jamais été photographiés, ni produits en laboratoire.

Karl Berger, déjà cité dans notre bref historique (*cf. chapitre 2*), a pu vérifier le caractère sporadique des impacts de foudre dans une région donnée, à des moments différents, mais n'a jamais observé de foudre en boule. Pour lui, il ne s'agirait que d'une illusion d'optique provoquée par l'éblouissement des yeux ou la solarisation des pellicules photographiques accompagnant un éclair violent. Depuis lors, de nombreux témoignages, notamment ceux de scientifiques, prouvent que tout un champ d'investigation doit être ouvert pour traquer cette troublante foudre en boule.

Karl Berger a aussi constaté que la foudre ne frappait pas nécessairement les points culminants, mais des cibles souvent beaucoup plus basses, notamment sur les coteaux. Tous ces faits sont corroborés, depuis lors, par de nombreux chercheurs et observateurs objectifs.

La *tortuosité* des décharges ramifiées reste énigmatique. Elle provient sans doute de changements sporadiques dans la direction des bonds successifs. On parle de *macrosinuosités*, de *mésosinuosités* et de *microsinuosités* selon la longueur décroissante (de plus d'un kilomètre à moins d'un mètre) du trajet des bonds rectilignes dans l'air. Suite aux tirs déclenchés de foudre artificielle (*cf. chapitre suivant*), on a enregistré des microsinuosités avec des tronçons inférieurs à 10 cm de longueur.

Les premières décharges électriques se manifestent à l'intérieur même de la cellule orageuse et cela dès la phase initiale, environ un quart d'heure avant la maturité indispensable au jaillissement des décharges au sol. En matière de prévention (navigation aérienne, télécommunications, transport et distribution de l'énergie électrique, etc.), ce quart d'heure apporte une marge de sécurité considérable.

CLASSIFICATION DES DÉCHARGES AU SOL

Penchons-nous sur les éclairs linéaires et ramifiés dans le cas le plus fréquent des *décharges négatives* au sol ou *coups négatifs*.

Une décharge au sol est souvent initiée par une décharge préliminaire au sein même du nuage orageux. Suivant Karl Berger, on dénombre quatre types de décharges au sol (*cf. figure 25*), selon la *polarité* de la charge électrique du nuage *d'où émane ou vers laquelle converge* une *prédécharge pilote*, peu lumineuse (invisible à l'œil nu), appelée aussi *précurseur* ou *traceur* ou encore *leader* (appellation anglo-saxonne couramment utilisée en français). Si l'on tient compte du troisième paramètre, selon que la décharge soit *complète ou s'interrompe* dans l'air, on dénombre huit situations possibles.

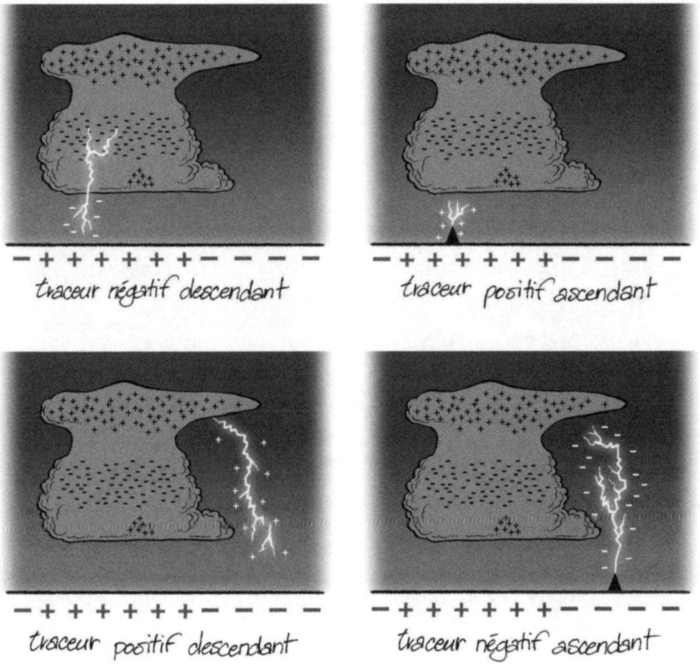

Figure 25 | Les quatre types de décharges au sol.

Ainsi, en terrain plat, on rencontre très fréquemment un *traceur négatif descendant* (environ 90 % des cas dans les régions tempérées), ou, plus rarement, un *traceur positif descendant* (orages hivernaux et parfois dans des conditions d'orages exceptionnellement intenses). Toutefois, essentiellement à partir de structures élevées et effilées, peuvent apparaître soit un *traceur positif ascendant*, soit, plus rarement, un *traceur négatif ascendant*.

Notons qu'existent d'autres classifications des décharges de foudre.

MÉCANISME D'APPARITION DE LA DÉCHARGE AU SOL EN TERRAIN PLAT

Décrivons le mécanisme d'apparition d'un coup négatif à partir d'un *traceur négatif descendant* en terrain plat. La *figure 26* illustre l'évolution dynamique (film tournant) de la trajectoire d'un *traceur saccadé* ou *traceur par bonds* (*stepped leader*) conduisant à la *décharge négative au sol* ou *coup négatif*.

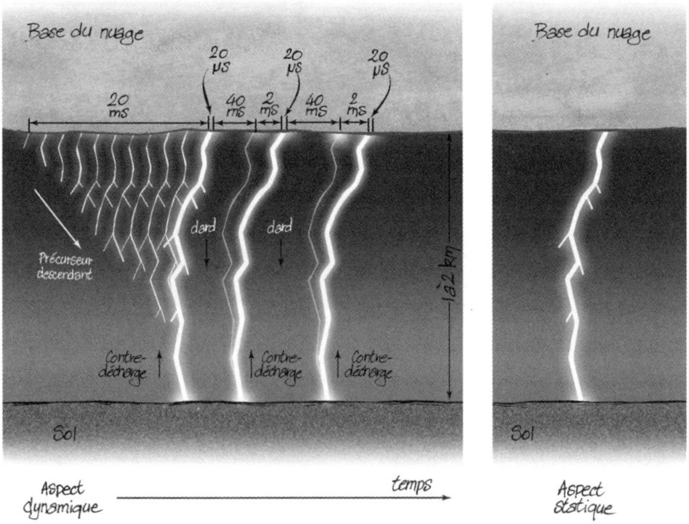

Figure 26 | Développement du traceur négatif descendant et du coup négatif en terrain plat.

Un traceur descendant progresse par bonds de 10 à 200 m à une vitesse relativement faible (de l'ordre de 100 km/s), en impulsions de courant (*cf. encadré*) de l'ordre de 1 kA (mille ampères), durant environ 1 µs (microseconde ou millionième de seconde). Il se développe avec des pauses de 20 à 50 µs et se propage vers le sol. Lorsque la pointe (tête) du précurseur s'approche du sol, le champ électrique y croît fortement et, souvent à partir d'objets pointus ou d'irrégularités de surface du sol, initie des décharges partielles ascendantes positives qui se forment durant la période dite d'*attachement* ou *processus d'interception*. Ces traceurs ascendants positifs se développent jusqu'à ce que l'un d'entre eux intercepte le traceur négatif descendant en un point généralement situé à quelques décamètres du sol (en terrain plat, davantage sur des structures élevées). L'*arc en retour* (*return stroke*) ou *contre-décharge* ou *décharge principale* jaillit, neutralisant, partiellement ou complètement la charge du leader avec une luminosité nettement renforcée dans le canal. Il rejoint le nuage en moins de 100 µs, à une vitesse de l'ordre du tiers à la moitié de la vitesse de la lumière dans le vide (cette vitesse décroît avec l'altitude), soit environ cent mille kilomètres par seconde (10^8 m/s), par le canal ionisé qu'a créé le traceur descendant, déchargeant ainsi une partie du nuage orageux.

COURANT ÉLECTRIQUE

Un courant électrique, généré par une source de tension, est le flux ordonné de charges électriques qui se meuvent, par exemple, dans les conducteurs métalliques.
Considérons un écoulement en faisceau de charges électriques positives q traversant une section plane qui le coupe orthogonalement.
On appelle intensité moyenne du courant i, sur une durée t, la quantité moyenne de charge électrique qui traverse ce plan pendant cette durée :

$$i = \frac{q}{t}.$$

L'unité de courant électrique est l'ampère (A) : 1 A = 1 C/s (coulomb par seconde).
Le kiloampère (1 kA = 1 000 A) est plus couramment rencontré dans le domaine de la foudre.

Le processus d'attachement suit quatre phases successives ; une *première phase* quasi statique caractérisée par un champ électrique de quelques kilovolts par mètre au cours de laquelle une *décharge corona* ou *effet de couronne* (*cf. annexe A*) apparaît sur les pointes ou protubérances aiguës où le champ électrique est nettement renforcé ; une *deuxième phase* avec propagation du traceur descendant où le champ électrique croît avec un taux d'un milliard de volts par mètre et par seconde (10^9 V/m.s) quand la tête du traceur est à moins de 100 mètres du sol ; une *troisième phase* durant laquelle l'effet de couronne initial génère alors un streamer (ou canal conducteur filamentaire), jusqu'à sa transformation en traceur (ou leader) ascendant ; enfin, une *quatrième phase* lorsque le traceur ascendant se propage dans un champ électrique suffisant jusqu'à ce que les deux traceurs se rejoignent en fusionnant leurs couronnes filamentaires.

Le rapide délestage d'énergie de l'arc en retour réchauffe le canal filamentaire, appelé *streamer*, jusqu'à une température très élevée (de l'ordre de trente mille degrés), et génère axialement un plasma à haute pression de plusieurs centaines de fois la pression atmosphérique (jusqu'à 1000 atm). Ce plasma chaud confiné dans l'air ambiant est la source d'ondes de choc acoustiques à l'origine du *tonnerre*.

LE TONNERRE !

Le grondement du tonnerre *qui accompagne l'éclair provient des ondes de choc successives qui prennent naissance tout au long de son trajet (de l'extrémité inférieure jusqu'à l'extrémité supérieure dans un coup nuage–sol) au fur et à mesure que la décharge principale, en échauffant brutalement le canal de l'éclair, comprime violemment les couches atmosphériques voisines. Compte tenu de la vitesse du son dans l'air (340 mètres par seconde dans les conditions normales de température et de pression) et de la succession des temps d'arrivée à l'observateur des ondes acoustiques émises par les différentes portions de la trajectoire de la décharge, ces ébranlements sonores se superposent et se poursuivent jusqu'au moment où parvient le dernier grondement en provenance de la zone la plus éloignée. Des anomalies de réfraction acoustique, dues à la diversité géométrique des obstacles rencontrés, compliquent encore ces processus en renforçant par des focalisations imprévisibles, surtout en montagne, les énergies acoustiques mises en jeu sur certaines portions de la trajectoire. Les éclairs lointains sont toujours plus silencieux (rarement entendus à plus de 25 km). En revanche, au voisinage de l'impact au sol, le tonnerre se manifeste sous forme de craquement, parfois précédé d'un sifflement.*

La décharge principale, toujours ascendante, développe une puissance électrique (*cf. encadré*) colossale, de l'ordre de cent millions de watts (10^8 W) par mètre de canal, sur une très courte durée (typiquement quelques microsecondes). Le courant électrique atteint, en moyenne, une valeur de crête (amplitude) de vingt-cinq mille ampères (25 kA) dans les régions tempérées. L'enregistrement des amplitudes des courants de foudre, sur des structures élevées, à l'échelle mondiale, donne un éventail de valeurs comprises entre 1,6 et 300 kiloampères !

À l'heure actuelle, en mesures directes, aucun courant de foudre négatif enregistré n'a une amplitude dépassant 200 kA (300 kA pour un coup positif). Les courants les plus intenses ont été mesurés sur des structures très élevées.

PUISSANCE ÉLECTRIQUE

Soit q la charge infinitésimale traversant un élément de circuit où la chute de tension est U. L'énergie potentielle électrique varie de W = U q au rythme de

$$P = \frac{W}{t} = U\frac{q}{t} = U\,i,$$

qui est, par définition, la puissance P fournie ou reçue. La puissance électrique instantanée

$$P = U\,i$$

s'exprime en watts, de symbole W : 1 W = 1 J/s = 1 V.A (volt-ampère).

Dans la majorité des cas (80 à 85 %), le nuage n'est pas complètement déchargé après une seule décharge principale. On assiste à un *éclair multiple* au lieu d'un éclair (coup) *simple*. En effet, après une pause de 40 à 80 millisecondes (durée moyenne : 60 ms), un nouveau traceur appelé *dard* (*dart leader*), se propage partiellement dans le même canal, non plus par bonds successifs, mais continûment, à une vitesse de l'ordre de 1 000 à 10 000 km/s (*cf. figure 26*). Généralement non ramifié, le dard emprunte, en sens opposé, le canal de la première contre-décharge et génère un nouvel arc en retour, qui constitue une *composante subséquente* du coup de foudre (multiple) et affecte un volume différent du nuage chargé électriquement (*cf. figure 27*).

Le processus se répète, en général trois à cinq fois (dans 80 % des coups négatifs, il y a au moins deux composantes, espacées de 60 ms), jusqu'à ce que le nuage soit complètement déchargé. On a enregistré jusqu'à 26 composantes dans un même coup négatif !

Un coup de foudre (complet) ne dure jamais plus d'une seconde. L'image statique, que nous percevons à l'œil nu, est celle montrée dans la partie droite de la *figure 26*.

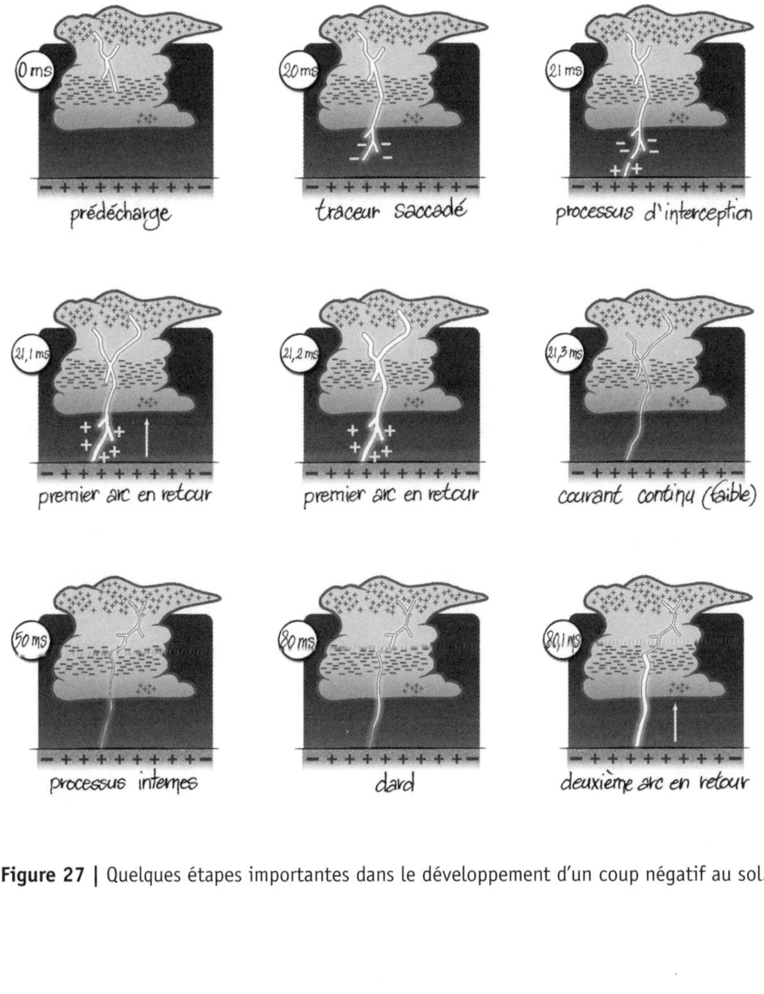

Figure 27 | Quelques étapes importantes dans le développement d'un coup négatif au sol.

L'être humain se révèle un très mauvais observateur face à des phénomènes aussi rapides et fugitifs. Sa persistance rétinienne étant de l'ordre du dixième de seconde, l'œil est généralement incapable, sans l'aide de caméras ultra-rapides et d'instruments électroniques particuliers, de résoudre les différentes composantes d'un même coup de foudre négatif.

Notons que les arcs en retour successifs n'empruntent pas nécessairement l'entièreté de la trajectoire de la première décharge principale.

Ainsi un tiers à la moitié des coups de foudre créent deux ou plusieurs (à ce jour, 8 au maximum détectés en Arizona...) **points d'impacts**, séparés de distances allant de 10 m à 10 km environ. On considère aujourd'hui une moyenne de 1,7 impact au sol par éclair (coups négatifs).

MÉCANISME D'APPARITION DE LA DÉCHARGE SUR UNE STRUCTURE EFFILÉE

Toute aspérité au niveau du sol provoque une augmentation du champ électrique superficiel local. Ainsi, pour un ellipsoïde pointu dont le rapport du grand axe au petit axe de la section elliptique longitudinale vaut 30 (*cf. figure 21*, en bas à droite), le champ électrique est renforcé d'un facteur 300. Comme la rigidité diélectrique de l'air en champ uniforme (*cf. encadré sur la rigidité diélectrique*), vaut 3 MV/m (mégavolts par mètre), il suffit d'un champ électrique de 10 kV/m (kilovolts par mètre) pour initier un effet de couronne en son sommet. Ceci explique les aigrettes lumineuses ou *feux de Saint Elme* (*cf. chapitre 2*) en haut des mâts des bateaux, sur les tours élevées et les flèches d'églises, sur les antennes, les paratonnerres, les pylônes à haute tension, les cimes des arbres ou même sur la tête des alpinistes, en montagne. Suffisamment développée, une décharge incomplète d'effet de couronne donne naissance à un coup de foudre à partir d'un traceur ascendant.

LA FOUDRE FRAPPE-T-ELLE PRÉFÉRENTIELLEMENT LES STRUCTURES ÉLEVÉES ?

Oui, semble-t-il, comme l'écrivait si bien Jean de Sponde (1557–1595) dans l'un de ses sonnets : « Le mont est foudroyé, plus souvent que la plaine ». Chacun a eu l'occasion de constater que la foudre ne frappait pas nécessairement les points culminants, mais des cibles proches souvent beaucoup plus basses, notamment les vallées, les flancs de coteaux, les plaines, voire les pieds des tours ou des pylônes métalliques (cf. chapitres 8 et 9).

Dans le cas de structures effilées et élevées (plus elles sont élevées, plus le nombre de traceurs initiaux ascendants l'emporte sur celui des traceurs initiaux descendants), les phénomènes sont analogues à ceux rencontrés en terrain plat *(cf. figure 14)*, sauf que le premier traceur ascendant se développe à partir de la structure effilée, avant d'intercepter le traceur descendant issu du cumulo-nimbus, qu'un courant continu s'écoule pendant quelques dizaines de millisecondes avant qu'un dard ne se développe du nuage vers le sol et n'induise la première contre-décharge *(cf. figure 28)*.

Les dards descendants successifs attirent de façon irrésistible les contre-décharges qui jaillissent de ces structures élevées, surtout les gratte-ciel, les pylônes de lignes à haute tension, les tours d'émission ou de relais TV et le sommet des montagnes.

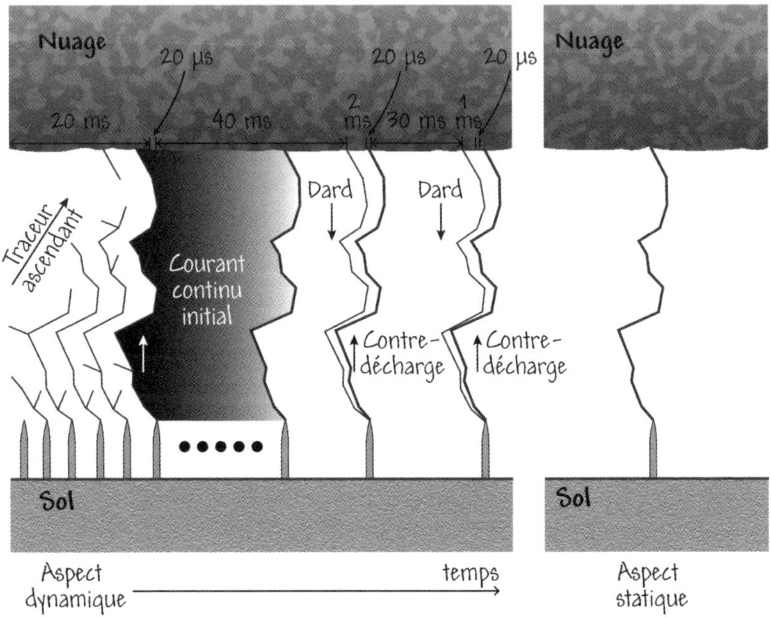

Figure 28 | Développement du coup négatif à partir d'une structure effilée et élevée.

Très souvent, plusieurs traceurs ascendants entrent en compétition pour se joindre au traceur descendant (*cf. figure 10 de l'encart couleur*).

LA FOUDRE MONTE

du sol vers le nuage, que ce soit en terrain plat ou à partir de structures élevées et effilées. Dans le premier cas (terrain plat), le traceur descendant progresse jusqu'à ce que la contre-décharge ascendante jaillisse, on parle de coup descendant *(appellation liée au sens du traceur) alors que la décharge principale monte pour rejoindre le nuage ! Dans le deuxième cas (structures élevées et effilées), le traceur initial, issu du sommet de la structure, progresse vers le nuage, intercepte un traceur descendant et la contre-décharge jaillit encore de la structure, on parle naturellement de* coup ascendant.

CARACTÉRISTIQUES DES COURANTS DE FOUDRE

La *figure 29* illustre des formes typiques de *courants de foudre négatifs* (coup simple ou première composante d'un coup multiple) et de *courants de foudre positifs* (coup presque toujours simple). Ces courants ont la forme impulsionnelle d'une onde de choc de durée variable, comprenant un *front* relativement raide (de zéro à la crête de l'onde) et une *queue* plus allongée (de la crête de l'onde à son annulation asymptotique).

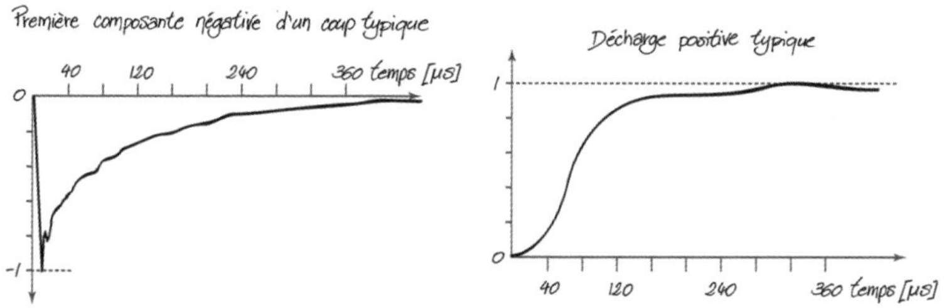

Figure 29 | Formes typiques de courants de foudre négatifs et positifs.

L'onde de courant d'un coup négatif simple ou d'une première composante d'éclair négatif multiple atteint sa valeur maximale relative – 1 p.u. (1 p.u. = 1 pour un ou *per unit* = 100 %) après un temps bref, de l'ordre de la microseconde, pour tendre ensuite plus lentement vers zéro après un temps de l'ordre de la centaine de microsecondes.

L'onde de courant d'un éclair positif, généralement à composante unique (coup positif), atteint sa valeur maximale relative de +1 p.u. après un temps de l'ordre de la centaine de microsecondes et décroît ensuite vers zéro après un temps de l'ordre de quelques millisecondes.

Le Comité Technique 81 de la Commission Électrotechnique Internationale (IEC TC81 : Protection contre la foudre), que l'auteur a présidé de 1988 à 2007, a retenu une distribution caractéristique globalisée (CIGRE) de tous les courants de foudre (positifs et négatifs confondus) enregistrés dans le monde entier *(cf. figure 30)*.

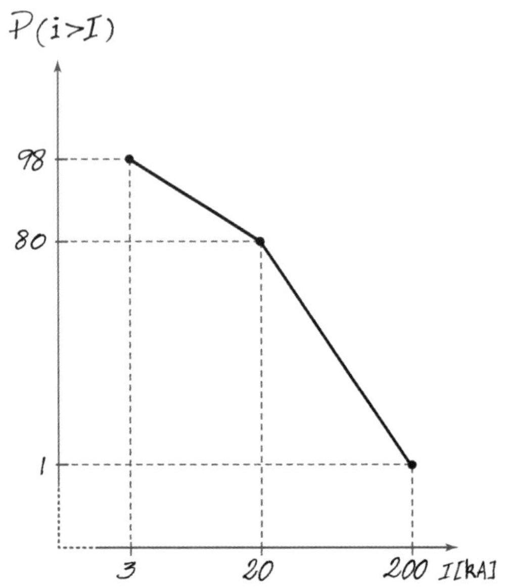

Figure 30 | Distribution des amplitudes des courants de foudre (coups négatifs et positifs confondus).

En abscisse figurent les amplitudes I (exprimées en kiloampères) des différents courants de foudre enregistrés ; l'ordonnée exprime la probabilité P de prévoir un courant de foudre dont l'amplitude i dépasserait la valeur I indiquée en abscisse.

Cette probabilité P est présentée en échelle logarithmique comme l'est l'amplitude du courant I en abscisse. La courbe obtenue montre, par exemple, qu'il y a 98 % de chance d'observer un courant de foudre d'amplitude supérieure à 3 kA et seulement 1 % de chance d'observer un courant d'amplitude supérieure à 200 kA.

RÉSISTANCE ÉLECTRIQUE

Tout courant électrique rencontre une certaine résistance de la part du milieu dans lequel il progresse. Cette résistance entraîne nécessairement une perte d'énergie pour le courant. En 1826, Georg Simon Ohm (1789–1854) montra que la résistance R au passage du courant électrique dans un conducteur dépendait de sa forme géométrique, du matériau utilisé et de la température.

Ohm prouve que, pour un conducteur donné et une température fixée, une chute de tension apparaît dans le conducteur, proportionnellement à l'intensité du courant i qui le traverse. Le facteur de proportionnalité est appelé résistance (électrique) R du conducteur :

$$U = R\,i.$$

C'est la loi d'Ohm, de grande valeur pratique, même si elle ne s'applique précisément qu'au cas limite des conducteurs ohmiques (métaux usuels et quelques conducteurs non métalliques). L'unité de résistance (électrique) est l'ohm, de symbole Ω : $1\ \Omega = 1$ V/A.

La puissance dissipée dans une résistance R vaut donc

$$P = R\,i^2 \text{ ou } P = \frac{U^2}{R}.$$

James Prescott Joule (1818–1889) fut le premier à vérifier expérimentalement en 1841 que le pouvoir chauffant d'un courant électrique dans une résistance est de cette forme, aussi appelle-t-on effet Joule la dissipation d'énergie thermique dans une résistance.

Outre l'*amplitude du courant* I de foudre (exprimée en kA), quels sont les autres paramètres importants de cette onde de courant très intense ? On en considère essentiellement sept : (1) la *charge électrique* (en coulombs ou C), (2) la *durée du front* de l'onde de courant (en µs), (3) la *raideur maximale* de l'onde de courant (en kA/µs), (4) la *durée des diverses composantes* (en µs), (5) les *intervalles de temps* entre composantes négatives d'un coup négatif multiple (en ms), (6) la *durée totale d'un coup* de foudre (en ms) et (7) l'*énergie spécifique* ou, plus exactement, l'énergie dissipée par un coup de foudre par unité de résistance électrique (en carrés d'ampères fois secondes ou $A^2.s$; *cf. encadré sur la résistance électrique ci-dessous*), parfois appelée, à tort, intégrale d'action.

Les quatre paramètres les plus importants qui agissent et provoquent les dégâts sont l'amplitude du courant I, la valeur maximale de la raideur de l'onde de courant $[(di/dt)_{max}]$, la charge électrique Q et l'énergie dissipée par effet Joule dans une résistance de 1 Ω ($i^2.dt$).

Il est difficile d'établir des corrélations évidentes entre les différents paramètres ainsi définis. Toutefois, il existe une corrélation positive entre l'amplitude du courant I et la charge électrique du coup de foudre Q ainsi qu'entre l'amplitude du courant I et l'énergie spécifique $i^2.dt$, à condition d'exclure la composante (négligeable) du courant continu persistant entre les composantes négatives éventuelles. Si on se limite à la première composante négative d'un coup négatif multiple, il existe une forte corrélation entre l'amplitude du courant I d'une part et, respectivement, la charge électrique Q et l'énergie spécifique $i^2.dt$, d'autre part. Une autre corrélation positive existe entre la charge du coup (total) Q et sa durée t. Pour les autres paramètres, les corrélations sont beaucoup moins significatives.

Le tableau de la *figure 31*, issu du CIGRE (Conseil International des Grands Réseaux Electriques à Haute Tension), qui a essentiellement adopté les données relevées par Karl Berger et son équipe, propose des valeurs caractéristiques des différents paramètres associés aux courants de foudre en trois colonnes.

Les valeurs indiquées dans ces trois colonnes fournissent les probabilités respectives (ou pourcentages de cas) de dépasser les valeurs indiquées des paramètres considérés, respectivement à 95 %, 50 % et 5 %.

Par exemple, dans la troisième colonne, pour les seuls coups de foudre positifs, on voit que l'on a 5 % de chance d'obtenir une amplitude dépassant 250 kA, 5 % de chance d'avoir une charge dépassant 350 C, 5 % de chance d'avoir une durée de front dépassant 200 µs, 5 % de chance d'avoir une raideur maximale dépassant 3^2 kA/µs, 5 % de chance d'avoir une durée d'impulsion dépassant 2 000 µs (ou 2 ms)..., 5 % de chance d'obtenir une énergie spécifique dépassant 15.10^6 $A^2.s$.

Paramètres	Unité	Pourcentage des cas dépassant la valeur indiquée		
		95 %	50 %	5 %
Amplitude				
Premiers composantes négatives et coups de foudre négatifs	kA	14	30	80
Composantes suivantes négatives	kA	4,6	12	30
Coups de foudre positifs	kA	4,6	35	250
Charge				
Premières composantes négatives	C	1,1	5,2	24
Composantes suivantes négatives	C	0,2	1,4	11
Coups de foudre négatifs	C	1,3	7,5	40
Coups de foudre positifs	C	20	80	350
Durée de front				
Premières composantes négatives	µs	1,8	5,5	18
Composantes suivantes négatives	µs	0,22	1,1	4,5
Coups de foudre positifs	µs	3,5	22	200
Raideur maximale (di/dt)				
premières composantes négatives	kA/µs	5,5	12	32
Composantes suivantes négatives	kA/µs	12	40	120
Coups de foudre positifs	kA/µs	0,2	2,4	32
Durée de l'impulsion				
Premières composantes négatives	µs	30	75	200
Composantes suivantes négatives	µs	6,5	32	140
Coups de foudre positifs	µs	25	230	2000
Interval de temps entre				
Impulsions négatives	ms	7	33	150
Durée du coup de foudre				
Négatif (simple ou multiple)	ms	0,15	13	1100
Négatif (multiple uniquement)	ms	31	180	900
Positif	ms	14	85	500
Intégrale i^2dt				
Premières composantes négatives et coups négatifs	$A^2.s$	$6{,}0.10^3$	$5{,}5.10^4$	$5{,}5.10^5$
Composantes suivantes négatives	$A^2.s$	$5{,}5.10^2$	$6{,}0.10^3$	$5{,}2.10^4$
Coups de foudre positifs	$A^2.s$	$2{,}5.10^5$	$6{,}5.10^5$	$1{,}5.10^7$

Figure 31 | Paramètres typiques des courants de foudre.

Ces données sont évidemment incomplètes. Jour après jour, dans le monde entier, on en collationne de nouvelles, relevées aussi au sol et non plus, comme par le passé, lorsqu'elles étaient relevées quasi uniquement sur des tours et autres structures élevées (par exemple, sur les pylônes des lignes à haute tension).

PEUT-ON RÉCUPÉRER L'ÉNERGIE DE LA FOUDRE ?

Même si la puissance associée à chaque coup de foudre en un point d'impact donné est colossale, leur durée, de l'ordre de fractions d'une milliseconde, fait que l'énergie continûment disponible est dérisoire, comparée à nos besoins en énergie électrique. Pour des pays relativement peu foudroyés comme la France, même si l'on parvenait à collecter tous les coups de foudre au sol (la capture des décharges de foudre exigerait des champs très denses de tours élevées, tout à fait irréalisables en pratique), l'énergie disponible représenterait à peine quelques centièmes de pour cent de notre consommation électrique. Pas la peine, dès lors, d'investir dans une telle source naturelle d'énergie !

L'été, dans les régions tempérées, 90 % des éclairs au sol sont négatifs, 10 % seulement sont positifs. L'hiver, il fait plus froid, les nuages sont plus bas, la charge positive supérieure du nuage est plus proche du sol et il n'est pas rare de rencontrer autant de coups positifs (coups uniques) que de coups négatifs (éclairs multiples). Les coups positifs peuvent aussi prédominer dans la phase de dissipation des cumulonimbus et surtout au cours d'orages très sévères.

L'éclair *négatif* au sol constitue le *premier mode de transfert de charge électrique au sol.* Il dure d'un dix millième de seconde (éclair froid) à une seconde (éclair chaud). Dans 15 à 20 % des cas (régions tempérées), la décharge est *simple.* Dans 80 à 85 % des cas, elle est *multiple*, un éclair moyen comprenant de trois à cinq coups. Les amplitudes des premières composantes de courant (courant d'intensité I moyenne d'environ 25 kA) sont en général deux à trois fois plus importantes que celles des composantes suivantes (courant d'intensité I moyenne comprise entre 10 et 15 kA). Toutefois, environ un tiers des éclairs au sol contiennent au moins une deuxième composante d'amplitude plus grande que celle de la première composante. La raideur de l'onde de courant est de l'ordre de 100 kA/µs (kiloampères par microseconde).

Entre deux arcs en retour successifs d'un éclair multiple, un courant continu constitue le *deuxième mode de transfert de charge électrique* au sol. Ce courant quasi stationnaire a une amplitude de l'ordre de la centaine d'ampères. Il s'écoule dans le canal de plasma durant environ un dixième de seconde et transfère une charge électrique résultante de plusieurs dizaines de coulombs.

Un *troisième* et dernier *mode de transfert de charge électrique* au sol a été découvert récemment : les *composantes* M (de Malan), d'une plus grande luminosité dans le canal, consistent en des perturbations ou des renforcements transitoires du courant persistant (continu), de temps de front compris entre 300 et 500 microsecondes, d'amplitude de l'ordre de 100 à 1000 ampères, dissipant une charge électrique de un à deux dixièmes de coulomb *(cf. figure 32)*. D'après le Professeur Vladimir Rakov (Rakov et Uman, 2003), les composantes M s'expliquent par la superposition de deux ondes guidées de courant se propageant en sens opposés : une première onde descendante, analogue à un traceur, et une seconde onde ascendante, réfléchie, issue du sol, jouant le rôle de court-circuit.

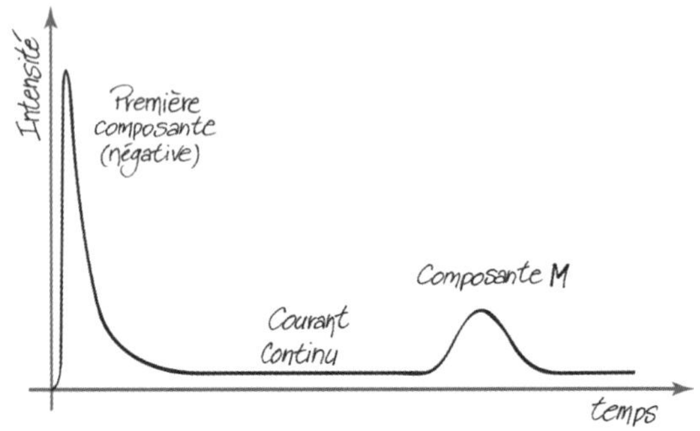

Figure 32 | Schéma d'une première composante négative suivie d'une composante M.

La proportion des éclairs positifs dans les orages estivaux croît à la fois avec la latitude et avec l'altitude (par rapport au niveau de la mer). Les *éclairs positifs* sont en général simples, mais durent plus longtemps que les coups négatifs et transfèrent donc une charge positive au sol beaucoup plus importante que ces derniers. Les décharges positives sont généralement suivies de courants continus plus intenses et de durée plus longue que les décharges négatives.

Statistiquement, on dénombre aujourd'hui une moyenne de 9 composantes de Malan accompagnant le courant continu d'une décharge positive, alors que la moyenne tombe à 5,5 composantes de Malan associées au courant continu d'une décharge négative.

L'étude des *décharges bipolaires* au sol constitue un nouveau défi pour les chercheurs (Rakov et Uman, 2003).

FOUDRE GÉANTE SUPÉRIEURE

La foudre se manifeste également en phénomènes lumineux transitoires dans la neutrosphère (*cf. figure 20* ; dans la haute atmosphère, entre la tropopause et la mésopause ; *cf. aussi encart couleur 13)*, à partir du sommet des cumulo-nimbus jusqu'à l'ionosphère, sous forme de jets bleus, de sylphes *rouges* et d'elfes *rougeâtres* (génies de l'air symbolisant les phénomènes atmosphériques) ou d'*émissions de rayons X* et de dits *événements gamma terrestres*. Ces phénomènes lumineux, issus de décharges supérieures particulières, appelées parfois *coups de foudre ionosphériques*, intéressent particulièrement les physiciens et les climatologues.

La grande question qui se pose actuellement : comment la foudre (classique, inférieure) génère-t-elle ces phénomènes de foudre supérieure, parfois appelée *foudre géante*, dans la stratosphère et la mésosphère ?

Les sylphes *rouges* ont été découverts, grâce aux navettes spatiales, en 1989. En des temps brefs de 10 à 300 ms (millisecondes), ils se développent du sommet des nuages orageux (au-dessus de l'enclume) jusqu'à des altitudes de l'ordre de 70 à 90 km (mésosphère) et s'étendent horizontalement sur des diamètres variant de 5 à 30 km (*cf. encart couleur 13*). Leur durée de vie est de l'ordre de 10 à 100 ms. Ils pourraient être liés à des avalanches d'*électrons relativistes* (électrons se déplaçant à grande vitesse, c'est-à-dire qu'ils acquièrent plus d'énergie du champ électrique ambiant entre collisions avec les molécules d'air qu'ils n'en perdent lors de chaque collision) d'énergie supérieure à 1 MeV (un million d'électron-volts) ; ces avalanches seraient déclenchées à travers la stratosphère et la mésosphère par les rayonnements cosmiques. Interagissant avec les molécules de l'air ambiant, ces électrons produiraient des rayons X et des rayons gamma secondaires. Les recherches sont poussées dans ce sens car, à l'heure actuelle, on connaît peu de chose sur les décharges positives qui n'ont jamais pu être déclenchées par les techniques classiques de petites fusées tirées vers les nuages orageux *(cf. chapitre suivant)*.

Les elfes, en forme de disques, rougeâtres également, mais plus fugitifs, se présentent comme des crêpes luisantes, produites aussi par une foudre exceptionnellement intense, juste avant les sylphes, dans la mésosphère, à une altitude comprise entre 60 et 90 km (ionosphère).

Ils s'étendent radialement à des vitesses relativistes et ne durent que quelques millisecondes. Ils seraient initiés par de puissantes impulsions électromagnétiques, associées aux plus gros éclairs, les champs électriques supérieurs, intenses, accélérant les électrons qui heurtent et excitent les molécules d'air. Celles-ci, par désexcitation, génèrent de la lumière visible. Ce phénomène crée des anneaux lumineux en expansion, qui s'élargissent si rapidement qu'ils apparaissent comme des disques aplatis.

Apparaissant souvent en groupe, et ne dépendant pas de l'apparition d'une décharge nuage-sol, les jets bleus coniques (décharges positives), s'étendent jusqu'à une altitude de 40 km. Ils sont difficiles à observer et on ignore encore le mécanisme de leur formation. Émis à grande vitesse du sommet des cumulo-nimbus, certains jets bleus gigantesques peuvent se développer à des vitesses de 100 000 km/s et progresser du sommet du nuage jusqu'à l'ionosphère.

Les *émissions de rayons X* produites par les nuages orageux sont liées aux phénomènes d'initiation de la décharge de foudre. Les *événements gamma terrestres*, enregistrés par satellite, sont également liés à l'activité orageuse et constituent les phénomènes électriques les plus étonnants associés à la foudre, car ils seraient la première manifestation d'une génération de rayons gamma dans l'atmosphère terrestre, hormis les réactions nucléaires… Une nouvelle énigme à résoudre !

En France, le CEA (Commissariat à l'Énergie Atomique et aux Énergies Alternatives) et le CNES (Centre National d'Études Spatiales) poursuivent les observations grâce à la Station Spatiale Internationale en vue de déterminer l'énergie émise par ces phénomènes et de relever des données statistiques sur leur fréquence d'apparition et leur distribution globale. À cette fin, ils préparent le microsatellite Taranis (« *Tool for the Analysis of RAdiations from lightNIngs and Sprites »), dont la date de mise* sur orbite est prévue en 2016. En effet, seul un satellite sera capable d'observer ces phénomènes au plus près.

RÉSISTIVITÉ ET CONDUCTIVITÉ ÉLECTRIQUE

Ohm a montré que la résistance d'un fil conducteur est proportionnelle à sa longueur l et inversement proportionnelle à sa section S. Si on appelle résistivité r le facteur de proportionnalité caractéristique du matériau, on a

$$R = \rho\ l/S.$$

Cette relation est parfois appelée loi de Pouillet. D'après la loi d'Ohm, la résistance R est inversement proportionnelle à la section S du conducteur. À la température ambiante, par exemple, le cuivre a une résistivité égale à $1,7.10^{-8}\ \Omega$ m. Les corps ayant une résistivité inférieure à $10^{-5}\ \Omega$ m sont des conducteurs (électriques), ceux qui ont une résistivité supérieure à $10^{+6}\ \Omega$ m sont des isolants (diélectriques) et ceux qui ont une résistivité intermédiaire entre ces deux valeurs sont essentiellement des semiconducteurs. La résistivité dépend de la température T. L'expérience montre que la résistivité ρ de la plupart des substances varie quasi linéairement avec de petites variations de température ΔT.

La conductivité (électrique) σ (ou conductibilité électrique) est définie comme l'inverse de la résistivité ρ,

$$\sigma = 1/\rho.$$

Elle s'exprime en siemens par mètre (S/m). On a : $1\ S = 1\ \Omega^{-1}$ (1/ohm).

Outre les expériences semblables conduites aux États-Unis, l'ESA (European Space Agency), avec la collaboration du Centre Spatial National danois, qui fut le premier à observer la foudre géante à partir de caméras placées au sommet de montagnes, emboîte le pas. Un moniteur ASIM (« *Atmosphere-Space Interactions Monitor* ») *devrait être installé sur la Station Spatiale. L'objectif est d'identifier les mécanismes de couplage entre la* neutrosphère, l'ionosphère et la magnétosphère, au-dessus des cumulo-nimbus qui donnent naissance à ces phénomènes spectaculaires.

Cette foudre géante altère-t-elle la composition chimique de notre atmosphère et joue-t-elle un rôle fondamental sur notre climat ? Fabrique-t-elle des oxydes d'azote (NO, NO_2... NO_x). Agit-elle sur la couche d'ozone ? Une réponse à ces questions importantes devrait ainsi trouvée dans un proche avenir.

QUEL RÔLE JOUE L'IONOSPHÈRE ?

Suite à une ionisation intense, due aux rayons solaires et aux rayons cosmiques, la *conductivité électrique* de l'air augmente rapidement avec l'altitude. Au niveau de l'ionosphère (parfois appelée électrosphère), située entre la neutropause (à environ 60 kilomètres du sol) et environ 500 km d'altitude, la concentration en ions positifs dépasse de 20 % celle des électrons, si bien que la surface de la Terre se charge négativement (une charge électrique de – 400 000 C est maintenue en permanence sur toute sa surface). Il apparaît une composante verticale du champ électrique à la surface du sol d'environ 100 V/m, par beau temps, dirigée vers le sol. Cette charge négative attire les ions positifs qui tendent à la neutraliser *(cf. figure 33)*.

La basse atmosphère se comporte comme un diélectrique (l'air est un isolant très légèrement ionisé) dans l'immense *condensateur* (cf. encadré relatif à la capacité d'un condensateur) formé de deux électrodes (armatures) particulières quasi sphériques : la base de l'ionosphère (neutropause) et la surface du sol. Par beau temps, la résistance électrique d'un tube d'air vertical d'un centimètre carré de section et de 60 kilomètres de longueur atteint une valeur énorme, ce qui entraîne une résistance globale d'environ 300 ohms pour toute la surface de la Terre. Un courant de fuite total de l'ordre de 1500 ampères, conduit, par application de la loi d'Ohm (*cf. encadré sur la résistance*), à une tension entre les armatures de l'ordre de 300 kV (kilovolts). La reconstitution de la charge de cet immense condensateur provient de l'activité orageuse sur l'ensemble de la planète où l'on dénombre constamment cent coups de foudre à chaque seconde. Les cumulo-nimbus, énormes machines électrostatiques naturelles, s'en révèlent les moteurs.

En l'absence d'activité orageuse, la constante de temps de décharge du condensateur atmosphérique étant de l'ordre de cinq minutes, ce condensateur atmosphérique se déchargerait complètement en moins d'une demi-heure, rendant la vie tout à fait impossible sur Terre, par absence d'écran protecteur contre les rayons solaires et les rayons cosmiques.

Rappelons que la foudre frappe en permanence la planète entière quasi 100 fois par seconde (environ 25 éclairs au sol à chaque seconde), ce qui correspond à environ 44 000 orages et 8 millions d'éclairs, quotidiennement.

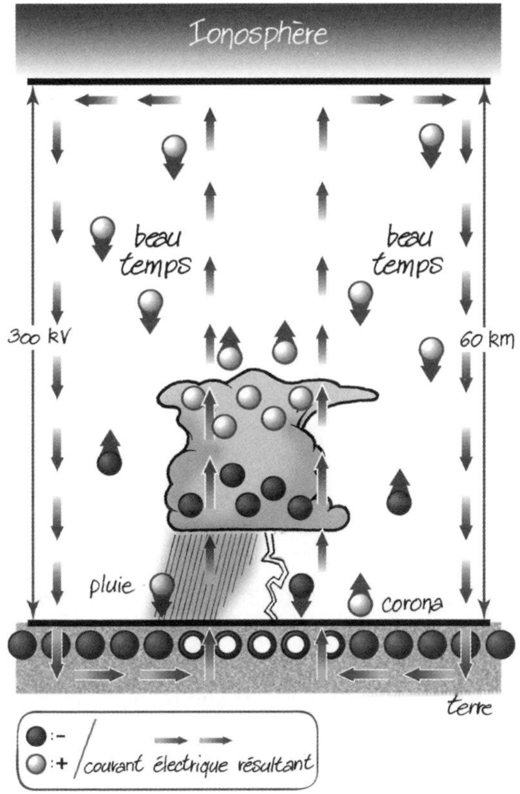

Figure 33 | Circuit électrique global : condensateur atmosphérique neutropause-sol.

Comme il y a en permanence 2 000 orages sur notre planète, on retrouve la valeur estimée de l'ordre du kiloampère pour le courant de fuite permanent du condensateur atmosphérique, dans ce que l'on appelle le *circuit électrique global.*

CAPACITÉ D'UN CONDENSATEUR ET ÉNERGIE POTENTIELLE ÉLECTRIQUE

Un condensateur est un dispositif utilisé pour emmagasiner des charges électriques. Pour un potentiel U donné, la charge Q qui peut être emmagasinée sur un corps dépend de ses caractéristiques physiques (nature du diélectrique) et géométriques sous la forme d'une capacité électrique C telle que

$$Q = C\,U.$$

Plus la charge emmagasinée par un corps est élevée pour un potentiel électrique donné, plus sa capacité est grande. Plus le potentiel nécessaire pour emmagasiner une charge électrique donnée sur un corps est faible, plus grande est la capacité de ce corps. Autrement dit, la capacité C est directement proportionnelle à la charge Q et inversement proportionnelle à la tension U.

La capacité est une grandeur physique positive dont l'unité est le farad (F) :

$$1\ \mathrm{F} = 1\ \mathrm{C/V}.$$

En pratique, les capacités rencontrées s'expriment plutôt en µF (1 microfarad vaut un millionième de farad), en nF (1 nanofarad vaut un milliardième de farad) ou en pF (1 picofarad vaut un millionième de millionième de farad).

Voici quelques valeurs de capacités rencontrées dans la vie courante : 1 pF pour une pointe d'aiguille, 150 pF pour le corps humain, 500 pF pour une automobile, 1 nF pour un camion citerne.

Suite à l'application d'une tension U aux bornes d'un condensateur, une charge totale + q s'établit sur l'armature positive et une charge – q sur l'armature négative, alors qu'initialement q = 0 et U = 0. Pour transférer la totalité de la charge, il faut effectuer un travail qui s'exprime de trois façons différentes :

$$W = \frac{1}{2}\frac{q^2}{C} = \frac{1}{2}\,C\,U^2 = \frac{1}{2}\,q\,U.$$

Ce travail correspond à l'énergie potentielle électrique (énergie emmagasinée dans le condensateur de capacité C).

La foudre y joue le rôle de source de courant qui le rééquilibre. Comme il n'y a pas à l'heure actuelle d'expérience prouvant l'application de ce modèle classique de l'électricité atmosphérique, il reste un sujet de débat prioritaire parmi les physiciens et les météorologues.

BIBLIOGRAPHIE

Bouquegneau C., *Protection contre la foudre*, ANPI 136, Louvain-la-Neuve, Belgique, 2001.

Cooray V., *The Lightning Flash*, IEE, Power & Energy Series 34, UK, 2003.

Rakov V.A., Uman M.A., *Lightning – Physics and effects*, Cambridge Univ. Press, 2003.

5

Où frappe la foudre ?

SÉVÉRITÉ ORAGEUSE, DÉTECTION ET LOCALISATION DES ÉCLAIRS

Nous avons vu que *chaleur*, ou plutôt *gradient de température*, et *humidité*, même légère, sont indispensables à la formation des nuages orageux. Chaque fois que l'un de ces deux facteurs vient à manquer (par exemple, dans les régions polaires ou les régions désertiques), il ne se produit d'orage que de façon exceptionnelle. Sous les tropiques, les orages sont fréquents. À Bogor, ville de l'ouest de l'Île de Java, on entend le tonnerre presque chaque jour. En France et en Belgique, les orages ne menacent véritablement la stabilité du temps qu'entre dix et trente-cinq jours par an.

Le *niveau kéraunique* en un lieu donné est le nombre moyen de jours par an (an^{-1}) au cours desquels le tonnerre y a été entendu. C'est une notion improprement quantifiable car si, dans une région tempérée, une tempête orageuse frontale peut passer en quelques minutes ou y séjourner pendant plusieurs heures en pleine activité, dans les régions tropicales, la foudre émanant d'un nuage stationnaire sur quelques kilomètres carrés de territoire peut être entendue dans un rayon de 40 km ou même davantage, bien que, la plupart du temps, le tonnerre ne peut être entendu qu'environ 25 km de la source qui l'engendre. Des sons intenses, comme, par exemple les sons générés par les turboréacteurs dans un aéroport, peuvent masquer le tonnerre à distance.

Certains chercheurs ont suggéré que l'activité orageuse sur la Terre fût liée, entre autres paramètres, à l'activité des couronnes solaires car elle semblait se reproduire de façon assez semblable avec un *cycle undécennal* (périodicité de 11 ans). Toutefois, cette connexion est actuellement remise en question et soumise à débat.

En France, grâce au réseau d'antennes électriques et magnétiques de Météorage, fonctionnant par triangulation en temps réel, on a vérifié que les régions les plus souvent foudroyées sont les Alpes du Sud, les Pyrénées (surtout occidentales) et le Massif Central où le niveau kéraunique dépasse nettement 30 par an. Sur la Côte nord-ouest, le long de la Manche, il est plus faible, compris entre 10 et 18 par an. Pour l'ensemble du territoire français, on adopte une valeur moyenne de 20 par an *(cf. encart couleur 16).*

En Belgique, on admet une valeur moyenne du niveau kéraunique de 15 par an (moyenne de valeurs comprises entre 8 et 22 par an, selon les régions).

Dans la zone intertropicale, au Centre de l'Amérique du Sud (du Pérou au Centre-Sud du Brésil), en Afrique Centrale (de la Guinée à la Tanzanie et à l'Afrique du Sud) et en Indonésie, le niveau kéraunique dépasse nettement 100 par an.

La *figure 34* représente la première carte mondiale (1956) des *isokérauniques*, c'est-à-dire des courbes de même niveau kéraunique, établie par la World Meteorological Organization (Genève, publication n° 21).

Le niveau kéraunique est une grandeur indicative de l'activité orageuse qui est peu rigoureuse, car elle ne donne aucune indication sur le nombre de coups frappant la Terre, un jour donné. On lui préfère de loin la notion de *densité locale des éclairs au sol*, NG , c'est-à-dire le nombre d'éclairs frappant le sol par kilomètre carré et par an (km^{-2}.an^{-1}). Dans les régions tempérées, la densité des éclairs au sol (exprimée en km^{-2}.an^{-1}) vaut approximativement le dixième du niveau kéraunique (exprimé en an^{-1}).

En France, cette relation fournit une densité des éclairs au sol comprise entre 1 et 3,5 km^{-2}.an^{-1}avec une moyenne de 2 km^{-2}.an^{-1}. En Belgique, la densité des éclairs au sol est comprise entre 0,8 et 2,2 km^{-2}.an^{-1}, on considère une valeur moyenne de 1 km^{-2}.an^{-1}. Au Brésil, en Indonésie et en Afrique Centrale, la densité des éclairs au sol est beaucoup plus importante, elle se situe entre 8 et 15 km^{-2}.an^{-1}.

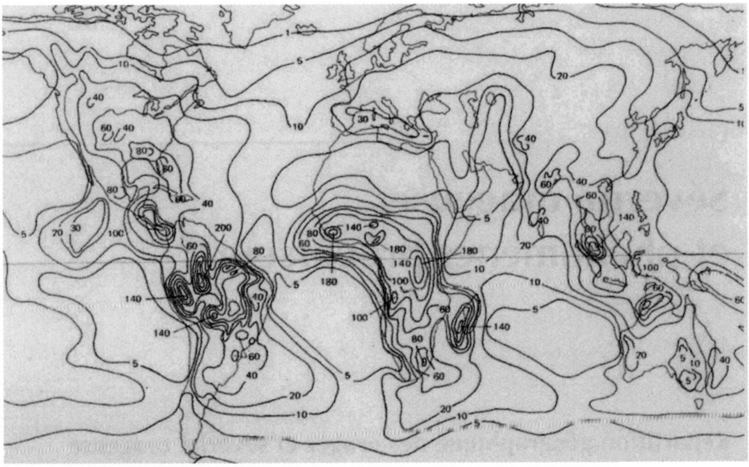

Figure 34 | Carte mondiale des isokérauniques (World Meteorological Organization).

Grâce à la NASA, des détecteurs embarqués sur satellites enregistrent en permanence les signaux lumineux et radiofréquences émis par les coups de foudre de tous types (intranuages, internuages et nuage-sol) sur notre planète, mais on n'a pas encore réussi à isoler les coups au sol de l'ensemble des décharges observées.

Une relation empirique intéressante, valable pour des structures isolées (pylône, tour, cheminée, antenne, etc.) en terrain horizontal plat ne dépassant pas une hauteur h de 100 m, fournit la fréquence de foudroiement dans une région de niveau kéraunique donné. Ainsi, une tour isolée de 50 m de hauteur en plaine, dans une région de niveau kéraunique égal à 20 par an, serait frappée par la foudre en moyenne une fois tous les douze ans, alors qu'une tour isolée de 100 m de hauteur serait frappée une fois tous les trois ans.

La *hauteur* d'une structure n'est pas le seul facteur influençant la fréquence de foudroiement. Des facteurs essentiellement *topologiques* (humidité du sol et réchauffement local, couloirs orageux favorisés par des courants d'air dans les vallées, foudroiements à flanc de coteau plutôt qu'au sommet des montagnes, orages de chaleur souvent localisés, etc.), *géologiques* et *orohydrographiques* (les failles, les crevasses, les nappes d'eau, les terrains marécageux, les saillies... attirent la foudre) expliquent les attirances locales préférentielles.

À petite échelle (de l'ordre quelques centaines de mètres), la *conductivité du sol* joue un rôle important sur la probabilité d'impact. Plus un sol est conducteur, plus il attire la foudre, comme on le vérifie aisément en laboratoire (*cf.*, notamment, les essais de l'auteur au laboratoire à haute tension de la Faculté polytechnique de l'Université de Mons).

En revanche, la *conductivité locale de l'air* (ou sa concentration ionique) ne semble pas influencer la fréquence de foudroiement, les concentrations ioniques, mesurées en présence de perturbations orageuses, étant beaucoup trop faibles.

EST-IL VRAI QUE LA FOUDRE NE FRAPPE JAMAIS DEUX FOIS AU MÊME ENDROIT ?

Cette idée reçue est absolument fausse ! Il suffit d'observer les gratte-ciel pour se rendre compte que ceux-ci sont parfois frappés par la foudre plusieurs fois durant un même orage. Par exemple, l'Empire State Building de New York est si souvent frappé qu'il a servi de station expérimentale pour les chercheurs scientifiques intéressés par la foudre. Même en plaine, une parcelle de terrain plus conducteur attire davantage la foudre qu'une parcelle voisine beaucoup plus résistive. Autre exemple : la Tour TV d'Ostankino à Moscou est frappée, en moyenne, 32 fois par an !

Dans le cadre de l'évaluation du risque foudre, si importante dans la normalisation relative à la protection contre la foudre (*cf. chapitre* 8), la notion de densité des impacts au sol N_{SG} (exprimée aussi en $km^{-2}.an^{-1}$) l'emporte sur celle de la densité des éclairs au sol N_G. En effet, il a été prouvé récemment que chaque éclair donnait lieu, en moyenne, à 1,7 point d'impact (*cf. chapitre 4 ci-dessus*) ; de plus, l'efficacité de détection des coups et la précision de localisation des impacts sont loin d'être parfaites, si bien que certains spécialistes (Bouquegneau et al., 2012) ont proposé d'appliquer un facteur 2 à la densité des éclairs au sol N_G pour déterminer N_{SG}. On considère donc : $N_{SG} = 2\ N_G$.

PEUT-ON DÉCLENCHER LA FOUDRE ?

Les premières décharges de foudre artificielle furent déclenchées en 1960 à partir d'un vaisseau de recherche, au large de la côte ouest floridienne. Il s'agissait de petites fusées lancées vers les nuages orageux et déroulant, derrière elles, un fin fil conducteur relié au potentiel de terre.

Le 14 novembre 1969, à peine la fusée de la mission Apollo 12 venait-elle de prendre son envol que l'incident eut lieu. Exactement 36,5 secondes après le lancement, un premier éclair frappa le vaisseau spatial, mettant hors d'usage plusieurs équipements électroniques.

Jamais, vol spatial n'avait si mal commencé. Heureusement, tout put être remis en état de marche, mais ce fut une terrible leçon pour les scientifiques et les météorologues américains.

Aussitôt, Heinz Kasemir, travaillant pour le compte de la NASA, parvint à provoquer la foudre en lançant de petites fusées, propulsées vers des nuages orageux et chargées de paillettes d'aluminium censées provoquer de nombreuses décharges intranuages en vue de les décharger complètement. Mais ce processus eut moins de succès que le précédent.

S'inspirant du premier procédé, des chercheurs français ont développé, dès 1973, à Saint-Privat-d'Allier (Massif Central, France), la première station de tir terrestre de fusées paragrêles équipées d'un dérouleur de fil de cuivre entouré de kevlar relié à la terre *(cf. figure 35)*, permettant le déclenchement artificiel de la foudre et son étude phénoménologique. Notre équipe belge, conduite par mon assistant Pierre Depasse, y a engrangé de nombreux résultats, prouvant que cette foudre artificiellement déclenchée possédait des caractéristiques assez semblables à la foudre naturelle, sauf en ce qui concerne le premier arc en retour (d'un coup négatif).

Depuis lors, certains sites de lanceurs de vaisseaux spatiaux sont entourés de pylônes de tir de plus petites fusées destinées à canaliser les décharges de foudre en présence de perturbations orageuses indésirables.

L'un des plus grands sites actuels de tirs de déclenchement de la foudre est situé à Camp Blanding (University of Florida, États-Unis). Sous la direction du Prof. V.A. Rakov, ce site accueille des chercheurs du monde entier, travaillant dans les domaines de l'électricité atmosphérique, de la foudre et de la protection contre la foudre. Cet International Center for Lightning Research and Testing (ICLRT) a permis d'obtenir des résultats remarquables sur le proche environnement électromagnétique des décharges de foudre, les composantes M de transfert de charge au sol, les courants de foudre dispersés dans le sol via les électrodes de terre, la découverte de production de rayons X par les courants de foudre déclenchée, les premières mesures directes de production des NO_X (NO, NO_2...) par les courants de foudre, l'estimation directe de l'énergie générée par la foudre, et l'évaluation sur le terrain des performances des systèmes de détection et de localisation de la foudre (NLDN, National Lightning Detection Network, aux États-Unis d'Amérique).

Figure 35 | Tir de fusée paragrêle à Saint-Privat-d'Allier.

La technique « fusée déroulant un conducteur raccordé à la terre » n'est pas la seule étudiée actuellement en vue de provoquer la foudre. De nouvelles techniques sont mises au point, sans toutefois conduire à des résultats positifs. Le proche avenir nous dira si les déclenchements par laser, par faisceaux de micro-ondes, par jets d'eau ou autres flammes transitoires... ont quelque chance de s'imposer.

LA FOUDRE EXISTE-T-ELLE SUR D'AUTRES PLANÈTES ?

Des décharges ressemblant à la foudre associées aux orages se manifestent, sur Terre, en présence de turbulences de l'air, en particulier si celui-ci est chargé de poussières, au-dessus des volcans actifs (décharges atteignant parfois cent mètres de longueur), dans les tempêtes de sable (décharges de l'ordre du mètre de longueur), les tremblements de terre (décharges issues des champs électriques produits par piézoélectricité lors des secousses sismiques), la détonation d'engins thermonucléaires comme les bombes H (décharges de foudre nucléaires avec leaders ascendants atteignant un kilomètre de longueur). Elles peuvent également accompagner des trombes, des tornades, des cyclones, etc.

Quelles sont les conditions indispensables pour que d'autres planètes accueillent des décharges de foudre ou des décharges électriques équivalentes ? Ces planètes doivent posséder une matière particulaire d'au moins deux types différents ou de caractéristiques telles (dimensions, températures, etc.) avec des charges électriques différentielles. De plus, les classes de particules différemment chargées doivent être séparées de distances comparables (kilométriques !) à celles qui provoquent les décharges atmosphériques.

La foudre ou des décharges ressemblant à la foudre existent avec certitude sur Jupiter et sur Saturne (voir les découvertes récentes grâce à la sonde Cassini). Un orage très intense a été enregistré sur Jupiter, le 7 décembre 2000 *(cf. figure 36)*. La fameuse Tache rouge, caractéristique de Jupiter, grosse comme deux fois la Terre, fut déjà observée par Robert Hooke en 1664 et constitue un tourbillon gigantesque à haute pression permanent. N'est-il pas un type de *soliton orageux* ? L'analogie est assez extraordinaire quand on fait cette hypothèse, le soliton étant une onde solitaire entretenue par les cisaillements horizontaux, observés dans la circulation atmosphérique de la zone tropicale sud de cette planète. Néanmoins, cela ne permet pas d'expliquer comment seraient nés les tourbillons.

La foudre existe probablement sur Vénus, mais, si tel était le cas, sa phénoménologie serait complètement différente de celle régnant sur la Terre. En effet, l'atmosphère de Vénus, constituée d'anhydride carbonique (à 96 %), provoque un effet de serre considérable. La pression au niveau du sol avoisine 90 atmosphères, si bien que la rigidité diélectrique devrait être de l'ordre de 100 fois celle existant sur Terre pour qu'une foudre de type terrestre puisse s'y manifester.

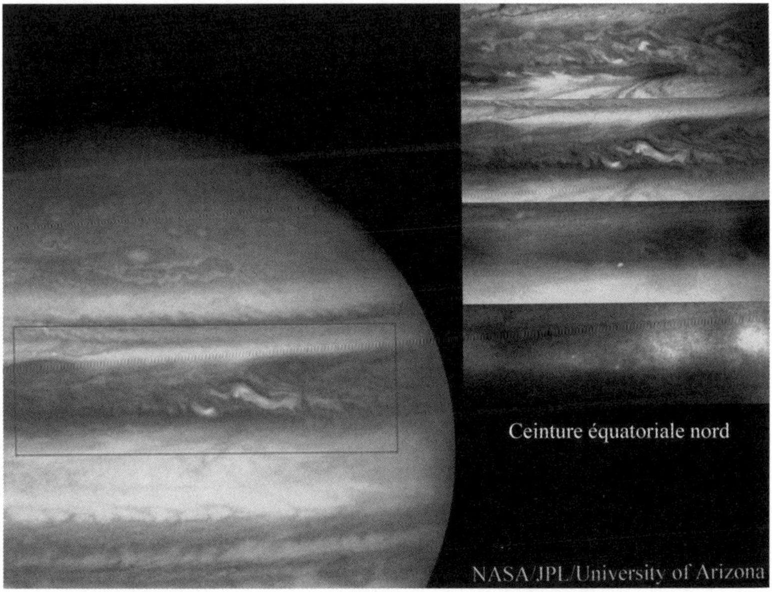

Figure 36 | Orage sur Jupiter (sonde Cassini, 7 décembre 2000, document NASA).

Mercure et Mars, aux atmosphères très ténues et sans activité volcanique, ne connaîtraient pas la foudre, sauf si des tempêtes sévères de poussières présentaient occasionnellement sur Mars de longues décharges électrostatiques.

La foudre pourrait exister sur Io, satellite de Jupiter, et sur Titan, satellite de Saturne, peut-être aussi sur Uranus et Neptune (et, éventuellement, leurs satellites), bien qu'aucune de ses manifestations n'ait été observée actuellement. Uranus et Neptune, ayant des atmosphères plus stables que Jupiter et Saturne, seraient beaucoup moins sujettes à la foudre.

BIBLIOGRAPHIE

Bouquegneau C., Rakov V.A., *How dangerous is lightning?*, Dover Publications, Inc, Mineola, New-York, 2010.

Bouquegneau C., Kern A., Rousseau A., *Flash density applied to lightning protection standards*, Ground'2012 & 5th LPE, Bonito, Brazil, novembre 2012.

Depasse P., *Statistics on artificially triggered lightning*, J. Geoph. Res. 99, D9, 1994.

Rakov V.A., Uman M.A., *Lightning – Physics and effects*, Cambridge Univ. Press, 2003.

PARTIE 3 :

LES EFFETS DE LA FOUDRE

Comme tout courant électrique, le courant de décharge atmosphérique suit les lois usuelles de l'électromagnétisme. Toutefois, ses caractéristiques lui donnent une violence irrésistible lorsqu'il se fraie un passage dans des milieux plus ou moins conducteurs. Il y a donc lieu de lui offrir un chemin conducteur aussi direct que possible et d'y interconnecter tous les éléments métalliques voisins.

Comment exprimer ceci mieux que P.G. Laurent, qui, dès 1950, écrivait ce merveilleux texte toujours d'actualité !

Le courant de foudre est un courant électrique comme les autres, qui circule suivant les lois ordinaires de l'électrotechnique, dont on peut prévoir le comportement dans la mesure où la configuration du système se prête au calcul et que l'on peut étudier à tension réduite au moyen de générateurs de choc.

Nous pensons que tous les moyens pratiques de protection contre la foudre se ramènent à un seul : offrir au courant un chemin conducteur aussi direct que possible et y interconnecter tous les éléments métalliques voisins. La foudre est un personnage important auquel on ne résiste pas sans danger, mais qui se laisse diriger assez facilement quand on se plie à ses désirs. Elle dispose de millions de volts pour briser les obstacles isolants, mais s'écoule inaperçue dans des conducteurs de petit diamètre. Si elle a la curiosité, au cours de sa descente, d'explorer des masses ou des conducteurs métalliques voisins où elle pense, à tort ou à raison, trouver un exutoire plus facile, il vaut mieux l'y aider par des interconnexions appropriées que de lui opposer des obstacles qui risquent généralement de présenter un point faible.

Ce langage quelque peu animiste traduit la réalité physique : la foudre tâte l'espace avoisinant grâce à l'espèce de sensibilité que lui procure le champ électrique qu'elle propage avec elle, et le même champ lui procure un moyen d'action qui consiste à perforer les isolants en leur appliquant sa contrainte électrique.

L'idée essentielle de tout système de protection doit être de lui éviter les occasions de mettre ce moyen en œuvre.

La foudre frappe avec une irrésistible violence. Ses *effets* sont liés à la présence de tout courant dans un conducteur (*cf. chapitre* 6). Ils sont *électriques* (charges, courants), *électrodynamiques* (forces), *thermiques* (dégagement de chaleur), *électromagnétiques* (champs rayonnés induisant des surtensions dangereuses dans les circuits électriques), *électrochimiques* (décomposition galvanique), *acoustiques* (tonnerre, ondes de pression) et *physiologiques* (actions sur le cœur et les centres nerveux qui commandent la respiration).

On distingue souvent les effets *directs* (foudroiement direct de structures conduisant à des destructions, des incendies, des brûlures, etc.) et *indirects* (foudroiement en un point d'impact plus ou moins éloigné d'une structure, engendrant des surtensions qui se propagent, par conduction ou par rayonnement, jusqu'aux équipements de cette structure à protéger, *cf. chapitre* 7). Contre les effets directs, la protection consiste généralement en l'installation de *paratonnerres*, ou, plus exactement, d'*installations extérieures de protection contre la foudre* (IEPF). Contre les effets indirects, elle consiste en l'installation coordonnée de *parafoudres*, associés aux divers circuits électriques.

Figure 1 | Éclairs multiples (Gullegem, Belgique).
Un seul éclair a une luminosité dix millions de fois plus grande qu'une ampoule électrique de cent watts ; toutefois, comme l'éclair ne dure qu'un millième de seconde, il fournit une énergie qui ne permet d'illuminer cette ampoule que durant à peine un mois.

Photo de C. Bouquegneau

Figure 2 | Émotion dans la Vallée des Merveilles, un des sites français les plus fréquemment foudroyés : parmi les gravures rupestres, vieilles de quatre millénaires, voici celle du Sorcier ; anthropomorphe tenant une lame de poignard triangulaire dans chaque main (éclairs !), le dieu de l'orage brandit ses foudres.

Photo de C. Bouquegneau

Figure 3 | Oiseau de tonnerre sur mât totémique (Île de Vancouver, Canada, XXe siècle).

Photo de C. Bouquegneau

Figure 4 | Raiden (Raijin), dieu japonais du Tonnerre (Temple Sanjü-Sangendö, Kyoto, XIIIe siècle).

Photo de C. Bouquegneau

Figure 5 | Peut-être la plus ancienne peinture rupestre avec représentation de la foudre : Namarrgon, l'Homme de Foudre (Kakadu National Park, Terre d'Arnhem, Australie du Nord) ; détail à droite.

Photo de C. Bouquegneau

Photo de C. Bouquegneau

Figure 6 | Dordje (foudre-diamant, vajra) et drîlbu (clochette, ghanta) népalo-tibétains, en vogue depuis le XVe siècle.

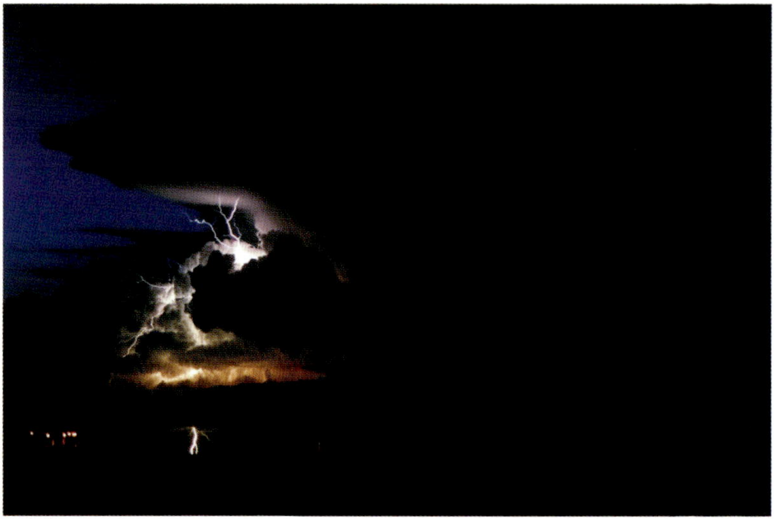

Figure 7 | L'éclair au sol (Duinbergen, Belgique) n'intervient dans nos régions qu'une fois sur quatre environ ; il est toujours précédé, et souvent suivi, de décharges intranuages ou internuages.

Figure 8 | Violent éclair positif extranuage (Duinbergen, Belgique), issu de la partie supérieure (enclume) du cumulo-nimbus ; un coup positif unique porte cent fois plus d'énergie qu'un coup négatif multiple.

Figure 9 | Coup de foudre à Ciney (Belgique) le 20 septembre 2014.

Figure 10 | Compétition entre traceurs ascendants: Zeebruges (Côte belge), le 25 janvier 2014.

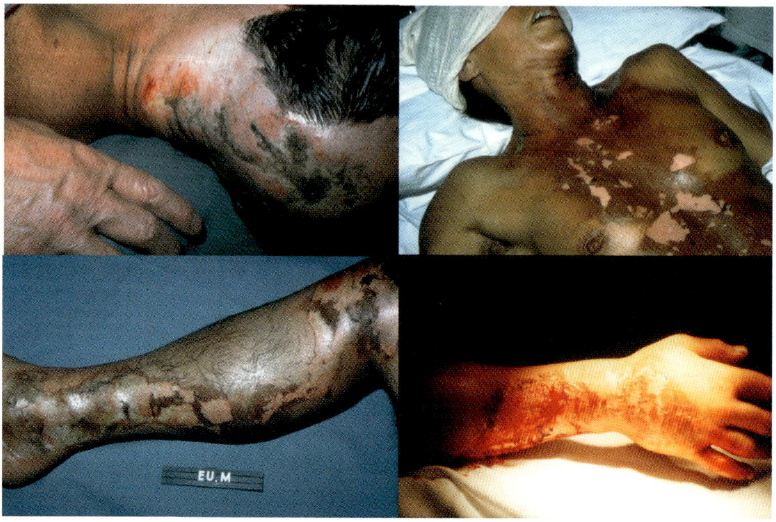

© Dr Jacques Foray, 1997

Figure 11 | Brûlures par foudroiement : le courant de foudre ne pénètre pas toujours dans le corps humain, il passe en surface brûlant la peau, du haut de ses 30 000 °C.

© Dr Walter Fagot, 2003

Figure 12 | Ces vaches, foudroyées par tension de pas, n'ont pas songé au pouvoir attracteur de l'arbre isolé... dont l'écorce a éclaté sous l'impact de la foudre.

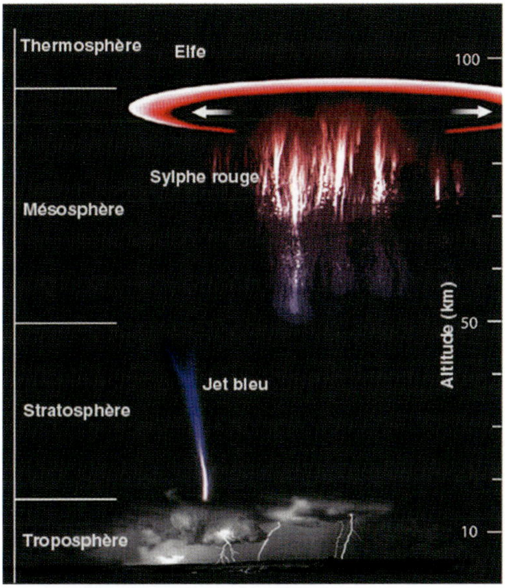

Figure 13 | Elfes, sylphes, jets bleus : de nouvelles manifestations stratosphériques et mésosphériques d'une foudre géante supérieure.

© Courtesy : European Space Agency

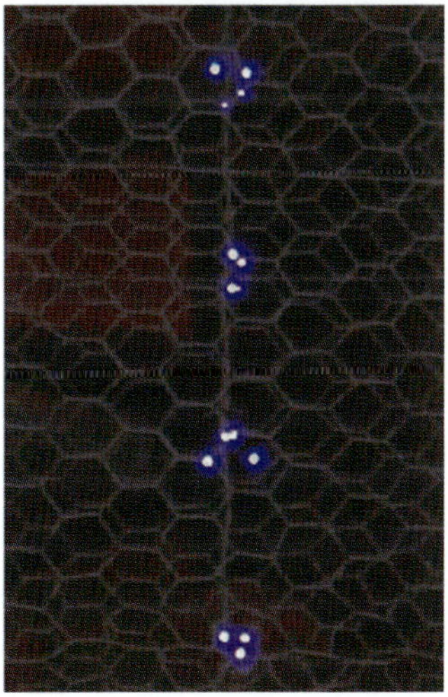

Figure 14 | Effet de couronne, préalable à une décharge de foudre, mis en évidence au laboratoire à haute tension.

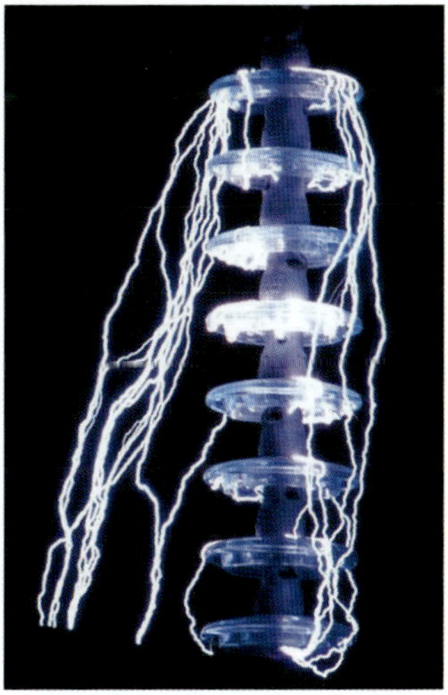

Figure 15 |Contournement d'une chaîne d'isolateurs en courant alternatif : ce n'est plus un choc de foudre !

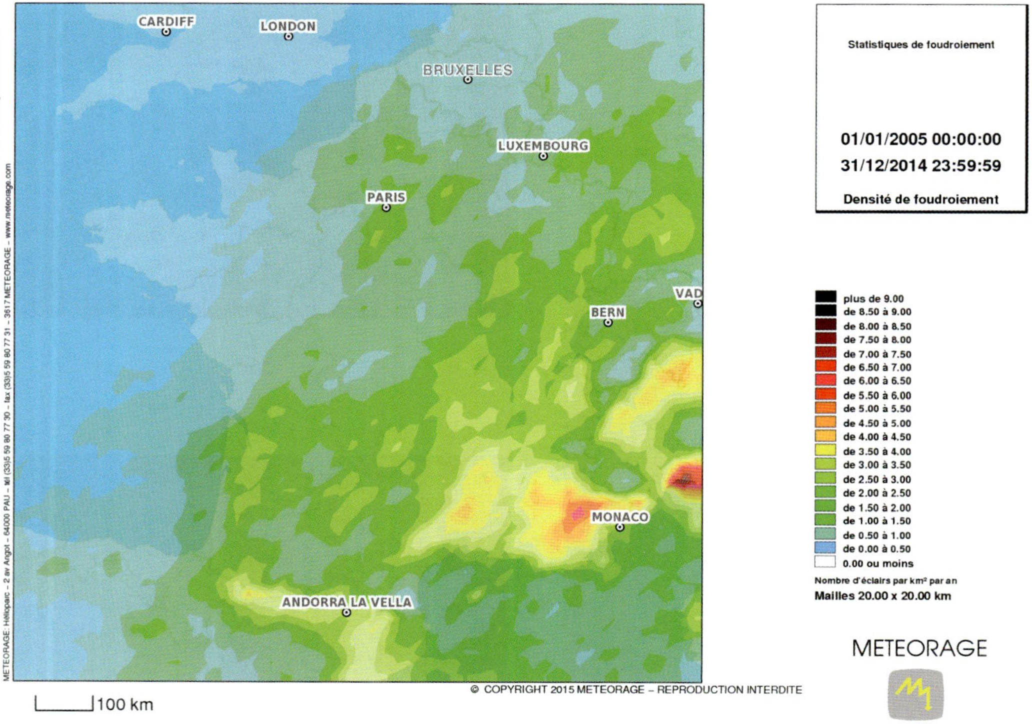

Figure 16 | Carte récente de la densité des éclairs au sol en France

6

Effets physiques et physiologiques

EFFETS ÉLECTRIQUES

Dans les chemins variés et complexes empruntés par la foudre pour s'écouler vers la Terre apparaissent des différences de potentiel importantes sur de faibles distances. Celles-ci provoquent des *claquages* locaux qui endommagent les conducteurs présents dans le sol.

Ces élévations de potentiel électrique présentent un grave danger pour les êtres vivants, notamment en surface (*tension de pas*). De plus, des effets électriques indirects, liés au *couplage galvanique* ou couplage par conduction, engendrent des perturbations sur les lignes d'énergie électrique et sur les lignes de télécommunications ainsi que sur les réseaux de masse.

EFFETS ÉLECTRODYNAMIQUES

Entre conducteurs parallèles ou quasi parallèles parcourus par des courants de même sens s'exercent des forces d'attraction (antennes tubulaires minces, descentes de paratonnerre et descentes de gouttière, etc.) qui entraînent des contraintes mécaniques et déforment ces conducteurs qui s'entrechoquent ou même s'écrasent.

Ces effets sont négligeables si l'écartement entre conducteurs parallèles dépasse 50 centimètres. En effet pour un courant de foudre intense de 100 kA, les forces d'attraction atteignent 400 000 N/m (newtons par mètre), soit l'équivalent d'une force linéique énorme de 40 tonnes par mètre, pour un écartement de 5 mm, mais seulement 400 N/m ou 40 kg par mètre, pour un écartement de 50 cm.

Ne confondons pas ces effets électrodynamiques avec l'*effet de souffle* ou de *déflagration* (*cf. effets acoustiques*) capable de briser vitres et parois, de projeter êtres vivants et objets matériels à distance, d'engendrer surdités et hémorragies internes graves, de provoquer l'éclatement explosif de l'écorce des arbres *(cf. figure 37)*, de mâts mauvais conducteurs, de poutres et de murailles, là où s'accumule l'humidité (fortes densités de courant), etc.

Figure 37 | Arbre foudroyé : écorce éclatée.

EFFETS ACOUSTIQUES

Le tonnerre (*cf. encadré au chapitre 4*) est une onde de choc violente qui génère des pressions importantes à courte distance (pressions de centaines d'atmosphères dans le plasma du canal de foudre). Celles-ci provoquent des bris de vitres proches du point d'impact.

L'onde de choc acoustique d'un coup proche (de l'ordre de quelques mètres) est à l'origine des déflagrations importantes citées au paragraphe précédent.

À la source, cette onde de choc se propage à environ dix fois la vitesse de 340 mètres par seconde (vitesse du son dans l'air) ; mais cette vitesse décroît rapidement et, à quelques mètres, l'onde de choc se transforme en onde acoustique qui se propage à la vitesse du son. Le tonnerre apparaît comme une onde de choc *dégénérée*.

La perception du tonnerre ne dépasse guère 25 kilomètres dans les régions tempérées. Elle atteint 30 à 40 kilomètres dans les régions tropicales naturelles, car, souvent, les ondes acoustiques n'y rencontrent guère d'obstacles absorbants ou diffractants.

EFFETS THERMIQUES

La décharge atmosphérique produit la fusion des parties métalliques au point d'impact. Les *coups chauds* (ceux qui durent plus d'un centième de seconde) peuvent enflammer du bois sec et provoquer des incendies.

Dans des sols mauvais conducteurs (silice), il y a vitrification au passage du courant de foudre (plasma à 30 000 °C !) et formation de fulgurites *(cf. figure 38)*, structures géologiques particulières de sable siliceux fondu ressemblant à du verre naturel. Les fulgurites suivent la forme ramifiée des éclairs ; on parle d'*éclairs fossilisés*. Leurs dimensions peuvent atteindre plusieurs dizaines de mètres (exemple : une fulgurite de 35 m de longueur a été extraite du désert libyen).

Sur des surfaces métalliques planes, si l'on suppose que la chute de tension anodique U à la *racine* (base) de l'arc électrique reste constante pendant la durée de la décharge, l'énergie dissipée localement vaut W = Q U (*cf. encadré énergie potentielle électrique* au chapitre 4). Par exemple, un coup de foudre typique (Q = 30 C, U = 20 V, W = 600 J) entraîne la fusion d'environ 60 mm^3 d'acier ce qui correspond à un diamètre de 25 mm et à une pénétration de seulement 0,15 à 0,25 mm d'épaisseur (0,4 à 0,6 mm dans le cuivre ou l'aluminium), en supposant qu'aucune chaleur ne soit dissipée dans la masse du métal. Même un coup beaucoup plus fort (Q = 300 C) ne perce que des tôles d'acier ne dépassant pas 2 ou 3 mm d'épaisseur.

C'est pourquoi, hormis au point d'impact, la foudre ne peut faire fondre que des fils métalliques assez fins.

Les décharges de longue durée entraînent facilement une mise à feu. Il faut prendre garde aux mauvais contacts. L'eau contenue dans le bois ou les maçonneries (en particulier dans les fissures, les jointures, les cavités, la sève des arbres, etc.) s'évapore instantanément et la pression qui en résulte provoque une explosion.

Figure 38 | Morceau (4,6 m de long) d'une fulgurite typique (35 m de long) extraite du Sahara libyen désertique, par le minéralogiste français A. Lacroix (Musée de Minéralogie de Dresde, Allemagne).

Il faut prévoir des conducteurs de section suffisante sans qu'elle ne soit excessive, puisque le courant de foudre de grande raideur circule en surface, par *effet pelliculaire* ou *effet de peau*, évitant la partie centrale des éléments métalliques conducteurs.

EFFETS ÉLECTROMAGNÉTIQUES

Les effets électromagnétiques sont des effets induits sur des boucles ouvertes où les différences de potentiel atteintes peuvent provoquer des étincelles et donc des incendies, surtout en présence de matières inflammables ou explosibles.

Les effets électromagnétiques se manifestent par différents processus de couplages sur une structure : le *couplage résistif* ou *galvanique* (conduction, résistance de blindage des câbles, résistance et montée en potentiel de la prise de terre, etc.), le *couplage par champ magnétique* (boucles d'induction dans l'installation, inductances de liaison, etc.), le *couplage capacitif* par champ électrique (antennes tiges isolées du sol, etc.). Les couplages sont influencés par les mises à la terre, les liaisons d'équipotentialité, les blindages, le cheminement et la disposition des conducteurs métalliques.

Vu l'importance des amplitudes de courant en jeu, les phénomènes d'induction électromagnétique liés à la propagation d'ondes de courant sur les conducteurs se manifestent à des hectomètres du point d'impact, notamment sur les lignes d'alimentation aériennes ou les lignes de télécommunications, où des surtensions sont véhiculées jusqu'aux équipements électriques et électroniques en leurs extrémités provoquant des dégâts, voire des destructions complètes, et altérant la qualité du service.

Les signaux parasites détruisent des composants électroniques de plus en plus miniaturisés et donc de plus en plus sensibles aux surtensions. D'autre part, même si certaines surtensions laissent les équipements affectés en état de marche, elles sont souvent la cause d'un vieillissement prématuré des composants conduisant à une dérive de leurs caractéristiques et une diminution de leur durée de vie.

Le caractère impulsionnel à haute fréquence de la décharge atmosphérique entraîne une circulation de courant uniquement à la surface des conducteurs. L'accumulation des charges d'une même polarité conduit à l'éclatement de leurs parties superficielles (par répulsion électrodynamique).

EFFETS ÉLECTROCHIMIQUES

Même sur des descentes de paratonnerres fréquemment foudroyés il n'y a pas lieu de s'attendre à des décompositions électrochimiques. La corrosion accélérée due à des courants circulant dans le sol est importante sur les conducteurs enterrés (câbles, canalisations, installations de mise à la terre, etc.). Toutefois, compte tenu de la courte durée des coups de foudre, ces effets sont généralement négligeables par rapport à ceux provoqués par les *courants* telluriques, appelés aussi *courants vagabonds* (courants électriques qui circulent naturellement dans la Terre, surtout dans les couches sous-jacentes, contenant ou non des parties métalliques, au niveau du sol ; ces courants résultent des champs électriques induits par les variations du champ magnétique terrestre, dès que le sol est légèrement conducteur).

EFFETS PHYSIOLOGIQUES SUR LES ÊTRES HUMAINS ET SUR LES ANIMAUX

Les *effets physiologiques* vont du simple éblouissement au foudroiement immédiat en passant par des chocs nerveux, des cécités (atteintes de la rétine, cataracte), des surdités (perforation du tympan), des paralysies, des pertes de connaissance temporaires (parfois accompagnées de brefs arrêts respiratoires), des comas momentanés ou prolongés, etc.

La *traversée du corps* (le corps humain se comporte comme un *gel* du point de vue électrique, avec une résistance interne de l'ordre de la centaine d'ohms) provoque des lésions graves souvent mortelles. Toutefois, la peau ionisée ou l'humidité des vêtements constituent un chemin conducteur privilégié pour la décharge périphérique qui lèche le corps sous les vêtements humides, ce qui évite ou tout au moins limite le courant traversant l'intérieur du corps. Les vêtements éclatent et se volatilisent sous la pression de vapeur brutalement générée. Même les chaussures sont soufflées à distance. Si la brièveté du phénomène thermique épargne l'être humain de brûlures autres que superficielles, les objets métalliques (colliers, etc.) peuvent atteindre la température de fusion (au moins superficiellement), ce qui provoque des brûlures en général plus profondes.

En général, les brûlures sont superficielles (cutanées profondes et circonscrites aux points d'entrée et de sortie du courant, linéaires superficielles correspondant au passage rapide de l'arc de contournement, superficielles aussi mais étendues par arc ; *cf. encart couleur 11*). Plus graves sont celles apparues par contact d'objets métalliques en fusion.

On classe séparément les marques érythémateuses arborescentes (ou figures de Lichtenberg) qui sont des traces kéraunographiques de forme fractale (*cf. figure 39*, d'après C.W. Bartholomé : *Cutaneous manifestations of lightning injury*, Arch. Dermatology, 111 (11) 1466-8, nov. 1975) initiées par un traceur circulant entre les vêtements et la peau. Ces traces pathognomoniques, qui témoignent du passage du courant, ne blanchissent pas à la pression et disparaissent après un ou deux jours. Le courant de foudre brûle également les cheveux et les poils.

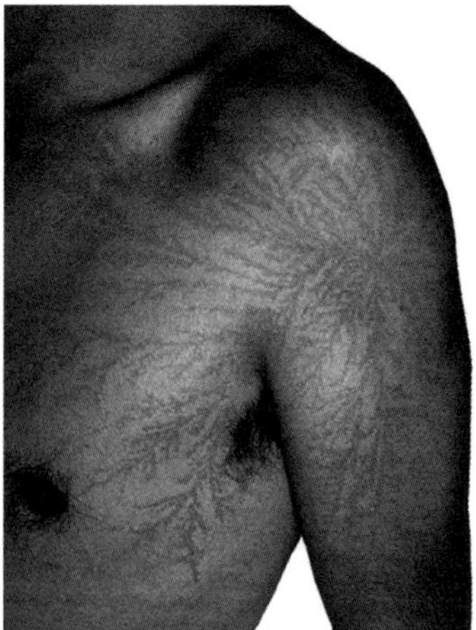

Figure 39 | Traces kéraunographiques (figures de Lichtenberg) sur la peau.

Le passage du courant à travers le corps provoque une *électrisation*, phénomène désagréable mais pas nécessairement mortel. Une électrisation non mortelle est parfois appelée *commotion*. L'*électrocution* (par fibrillation ventriculaire ou asystole conduisant à un arrêt cardiorespiratoire irréversible) est une *électrisation mortelle*, si un massage cardiaque ou une réanimation respiratoire (bouche à bouche) ne sont pas appliqués immédiatement.

Tout foudroiement est associé à un effet de *blast* (déflagration) qui entraîne des traumatismes (œdèmes, contusions, etc.) par projection ou par chute (parfois de points élevés). Ces effets barotraumatiques peuvent entraîner hémorragies internes et rupture tympanique.

Parmi les *statistiques de morts et de lésions par foudroiement émanant des pays anglo-saxons* (États-Unis, Australie, Singapour… *cf.* Andrews *et al.* dans les références) retenons celles des États-Unis (en 40 ans, 100 morts et 280 blessés par an répertoriés). On constate une nette décroissance du nombre de morts au cours du XXe siècle, due à l'urbanisation croissante, à la prise de conscience des risques et à de meilleurs moyens de se protéger contre les effets de la foudre (sauf en montagne à cause des passionnés d'alpinisme !).

Les morts et lésions se manifestent davantage durant les loisirs que pendant le travail ! Elles touchent 80 % d'hommes (20 % de femmes), la tranche d'âge 10-30 ans (50 %) plus que la tranche d'âge 30-70 ans (45 %) et se présentent beaucoup plus à l'extérieur (95 %) qu'à l'intérieur (5 %) : sous un arbre (35 %), sur l'eau (26 %), sur des engins agricoles (24 %), sur les terrains de golf (13 %), en téléphonant (téléphone fixe : 2 %). Au cours de la journée, 10 % des morts et lésions arrivent entre 0 et 12 h, 75 % entre 12 et 17 h, 15 % entre 17 et 24 h. Le tableau de la *figure 40* montre le nombre de morts par million d'habitants en fonction du niveau kéraunique du lieu considéré.

Niveau kéraunique	Nombre de morts par million d'habitants
5-20	0,2
20-40	0,4
40-80	1,0
80-200	1,7

Figure 40 | Nombre de morts par foudroiement en fonction du niveau kéraunique.

De nombreux *troubles neurologiques* et *sensoriels* ont été constatés : syndromes douloureux, parésies, paresthésies, hémiplégies, tétraplégies, paraplégies, troubles du rythme cardiaque jusqu'à la fibrillation ventriculaire, infarctus du myocarde, troubles du langage jusqu'à l'aphasie, ataxies cérébelleuses, troubles de l'équilibre, amnésies, anxiétés, céphalées, troubles de l'humeur et du sommeil, troubles de la mémoire et de la concentration, troubles dépressifs, phobies des orages et plaintes psychosomatiques diverses (*cf. tableau de la figure 41*).

Brûlures externes :	tronc :	46 %
	jambes :	37 %
	tête :	32 %
	bras :	23 %
	aucune :	20 %
Cardiaques :	arrêt asystolique :	20 %
	changement ST :	10 %
	tachycardie :	10 %
	état de choc :	9 %
	changement de l'onde T :	8 %
	hypertension :	4 %
	bradycardie :	3 %
Neurologiques :	perte de conscience :	59 %
	amnésie :	46 %
	kéraunoparalysie inf. :	41 %
	kéraunoparalysie sup. :	29 %
	para/hypoesthésie :	17 %
	insomnies :	12 %
	hyperthermie :	5 %
	incontinence, éjaculation...	-
Oculaires :	perte de la vision :	6 %
	cataracte :	3 %
	anomalies de la macula :	2 %
	photophobie :	1 %
	œdème rétinien :	1 %
	opacité de la cornée :	1 %
Auditives :	rupture du tympan :	10 %
	surdité :	7 %
	otorrhée :	2 %
Pulmonaires, rénales, hématologiques, musculaires...		
Augmentations importantes d'enzymes hépatiques et musculaires - CPK (créatine phosphokinase), - LDH (lactate déhydrogénase), - SGOT (transaminase - sérum glutamique oxaloacétique)...		

Figure 41 | Spectre des symptomes cliniques (221 cas au sein de 58 publications ; 20 % de mortalités).

BIBLIOGRAPHIE

Andrews et al., *Lightning injuries : Electrical, Medical and Legal Aspects*, CRC Press, Inc., USA, 1992.

Bouquegneau C., *Protection contre la foudre*, ANPI 136, Louvain-la-Neuve, Belgique, 2001.

Gourbière et al., *Complications et séquelles des accidents dus à la foudre*, RGE (Revue Générale de l'Électricité), Paris, juin 1994, pages 51-66.

7

Effets secondaires et dégâts dus à la foudre

DÉCHARGE LATÉRALE

En terrain découvert, les êtres vivants sont sensibles non seulement au *foudroiement direct* (surtout en position debout), mais aussi au foudroiement dû aux *coups indirects*, c'est-à-dire par *décharge latérale*, par *décharge induite*, par *tension de pas* ou par *tension de toucher*. Il est dangereux de se mettre à l'abri d'un arbre isolé *(cf. figure 42)* car si le corps humain est situé à moins de quelques mètres du tronc, il constitue un chemin de moindre résistance électrique et subit préférentiellement la *décharge électrique latérale* (à hauteur de la tête ou de l'épaule). L'arbre isolé lui-même a beaucoup plus de chances d'être foudroyé que l'être humain isolé, qui se tient debout à distance décamétrique de celui-ci.

Figure 42 | Ne pas s'abriter sous un arbre isolé.

Figure 43 | Ne pas s'abriter sous des structures métalliques non reliées à la terre.

DÉCHARGE INDUITE

D'une façon générale, toutes les structures non protégées sont à éviter. Il est préférable de ne pas se réfugier dans de petites constructions isolées (cabanes, granges) ou sous des constructions à toiture métallique soutenues par des montants isolés du sol (*décharge électrique induite* par couplage capacitif, *cf. figure 43*).

TENSION DE PAS

Lorsque la foudre frappe le sol, le courant s'écoule dans les couches sous-jacentes du terrain souvent hétérogène qui subit une montée en potentiel importante au point d'impact. La *tension de pas* peut être dépassée au voisinage de ce point, surtout pour les quadrupèdes qui se font électrocuter à cause du *gradient de potentiel*, engendrant des courants électriques dérivés (la trajectoire du courant, des pattes antérieures aux pattes postérieures, passe par le cœur ; *cf. figure 44 et encart couleur 12).* De nombreux cas de foudroiement de bétail et de moutons ont été rapportés récemment encore.

La position idéale à adopter en terrain découvert n'est certes pas la position debout en contact avec le sol, mais la position accroupie et recroquevillée, la tête étant aussi proche que possible du sol et les bras encerclant les jambes (*cf. la petite fille accroupie à la figure 46*).

En position debout, pieds joints, l'être humain risque un *foudroiement direct*, car son corps constitue une résistance relativement faible pour le passage du courant de foudre. S'il marche (*cf. figure 46 à droite), il est aussi sujet à une électrisation par tension de pas* ; la situation est d'autant plus dangereuse que la résistivité du sol est plus élevée, qu'il est plus proche du point d'impact et que l'écartement des pieds est plus grand.

Figure 44 | Électrisation par tension de pas et position à adopter en terrain découvert.

TENSION DE TOUCHER (TENSION DE CONTACT)

Figure 45 | Ne pas toucher de partie métallique pendant l'orage.

Le voisinage de structures métalliques est fortement déconseillé, tant pour éviter les décharges latérales que les électrisations par tension de toucher. En effet, l'*électrisation* par *tension de toucher* (ou de *contact*) se produit lorsqu'une personne aux pieds en contact avec un sol suffisamment conducteur touche un autre élément conducteur soumis à un potentiel électrique différent, introduit par les surtensions générées en un point d'impact de foudre à proximité du local ou sur l'installation de paratonnerres équipant ce dernier. Il faut donc éviter de toucher des objets métalliques par temps d'orage *(cf. figure 45)*.

RÈGLES ÉLÉMENTAIRES DE PROTECTION

D'une façon générale, on essaiera de se mettre dans des situations de moindre risque. On évitera de se présenter comme cible pour le foudroiement direct et de placer tout son corps en position équipotentielle (aucune différence de potentiel entre deux points quelconques du corps).

Ne pas se promener à proximité des cours d'eau et, à plus forte raison, ne pas s'y baigner. Éviter de circuler à cheval, à vélo, à motocyclette, en voiture décapotée, sur un tracteur ou… perché sur une moissonneuse-batteuse (de nombreux agriculteurs ont été foudroyés en plein travail aux États-Unis d'Amérique !). Mais on n'en meurt pas nécessairement ! Le livre *Guinness des Records* ne mentionne-t-il pas que l'ancien garde forestier Roy C. Sullivan aurait été frappé sept fois par la foudre, de 1942 à 1977 ? Surnommé le *paratonnerre de Virginie* ou *paratonnerre humain*, il aurait perdu l'ongle d'un gros orteil et ses sourcils, eu la chevelure enflammée et subi des impacts aux bras (épaule gauche brûlée), aux jambes, à la poitrine et à l'estomac... mais il survécut ! Hélas, ce *rescapé de la foudre* décida de se suicider, suite à un chagrin d'amour, en septembre 2003 !

À la campagne, évitez les points culminants, ne restez jamais groupés (s'écarter les uns des autres d'une distance minimale de 3 mètres), écartez-vous des réverbères, des pylônes et des clôtures métalliques ainsi que des arbres isolés (ou des petits groupes d'arbres) ; une distance de sécurité de 10 m est conseillée.

Interrompez votre partie de golf ! Évitez les activités sportives de plein air sur les terrains de sports, surtout à la lisière d'un bois (où le gradient de potentiel est plus élevé, alors qu'en plein bois ou à l'écart de tout arbre dans la clairière, le potentiel électrique est quasi uniforme !) ou près de structures métalliques élevées. Ne restez pas debout, jambes écartées !

Sous une tente ou à l'intérieur d'une caravane, assurez-vous qu'un conducteur métallique, servant de paratonnerre et entourant tout le volume à protéger, soit relié correctement à la terre.

Évitez les sports nautiques : ni baignade, ni pêche, ni planche à voile, ni canoë, ni voilier ou yacht, à moins que ces derniers ne soient judicieusement protégés au moyen de structures métalliques extérieures servant de paratonnerres et plongeant dans l'eau dans leur partie inférieure (contact électrique de mise à la terre).

En montagne, il faut s'éloigner rapidement des sommets, mais aussi s'écarter des parois, des anfractuosités, des fissures, des crevasses, des saillies, des promontoires, des arbres... et surtout abandonner tout objet métallique. Il est préférable de se recroqueviller afin de diminuer le plus possible la surface du corps et de se protéger ainsi des courants électriques dérivés.

Dans les zones urbaines, précipitez-vous à l'intérieur d'un magasin ou d'un bâtiment public où vous vous sentirez à l'abri.

Si vous devez absolument vous déplacer par temps d'orage, marchez à petits pas ou courez (dans ce cas, un seul pied reste en contact avec le sol) en évitant de déployer tout objet métallique saillant (parapluie, etc.).

À la maison *(cf. figure 46)*, il est conseillé de fermer portes et fenêtres afin d'éviter les courants d'air, de rester assis autour de la table familiale loin de tout feu ouvert ou autre cheminée. Il faut débrancher les appareils électriques et l'antenne de télévision ou le câble de télédistribution (même si l'arrivée est souterraine !).

Ne pas téléphoner à partir d'un poste fixe (Rappelons qu'un téléphone mobile, dépourvu d'antenne saillante, n'entraîne aucun accroissement du risque). S'éloigner des lignes électriques, des lignes téléphoniques, des canalisations métalliques d'eau ou de gaz, ainsi que des masses métalliques constituées par les appareils électroménagers (hotte aspirante, lave-vaisselle, radiateurs, etc.). Ne pas prendre de douche ni de bain par temps d'orage.

Interrompre les travaux en toiture ou sur les circuits électriques.

La voiture est un bon abri si les fenêtres sont fermées et l'antenne de radio rentrée, la carrosserie métallique formant une cage de Faraday. Très conducteur, il empêche l'électricité atmosphérique de pénétrer à l'intérieur de l'habitacle et protège ainsi les occupants de la foudre. En revanche, il est conseillé de rouler à vitesse modérée par temps orageux, afin d'éviter tout sursaut incontrôlable généré par la frayeur liée au foudroiement.

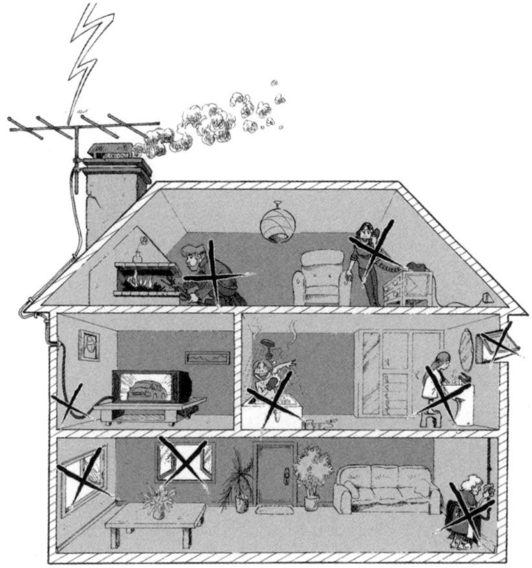

Figure 46 | Prudence aussi à l'intérieur de la maison !

En avion ou en fusée, à carlingue métallique, il n'y a guère à craindre, car les passagers sont à l'abri à l'intérieur d'une cage de Faraday. Comme les scientifiques l'ont prouvé récemment, les avions et les fusées initient eux-mêmes, à partir de leurs parties les plus pointues ou les plus anguleuses, des leaders d'interception provoquant des décharges de foudre durant le vol. Par exemple, le 9 novembre 2004, deux avions, frappés par la foudre au décollage, ont subi des avaries et ont dû rebrousser chemin à l'aéroport de Nice-Côte d'Azur. Toutefois, les avions risquent d'être happés par des courants d'air descendants intenses, en particulier en bordure de cumulo-nimbus, et de s'écraser au sol ; les pilotes sont priés de veiller à ne jamais se trouver dans ces zones dangereuses ; s'il se révèle impossible de s'éloigner suffisamment des nuages orageux, à la limite, il vaut mieux foncer en plein centre du nuage que de le contourner à trop courte distance.

Si quelqu'un de votre entourage, frappé par la foudre, reste inanimé, pratiquez immédiatement la respiration artificielle et, si nécessaire, un massage cardiaque par compressions cadencées (environ une compression par seconde) du thorax de la victime allongée sur le dos, des techniques qui ont déjà sauvé de nombreuses vies humaines !

QUE DE DÉGÂTS OCCASIONNÉS PAR LA FOUDRE !

Si, chaque année, en Europe occidentale, la foudre continue à tuer une cinquantaine de personnes, elle en blesse des centaines d'autres. De plus, elle détruit des milliers de maisons, de clochers, de cheminées, et met hors d'usage des dizaines de milliers d'appareils électriques et électroniques (centraux téléphoniques, ordinateurs, systèmes d'alarme, téléviseurs, signalisation routière, sources d'énergie électrique, etc.).

Figure 47 | Exemples d'illustrations de personnes foudroyées, il y a un siècle en France, dans *Le Petit Parisien* et dans *Le Petit Journal*.

Il y a un siècle, le nombre relatif de victimes était certainement au moins dix fois plus important, car beaucoup plus de personnes travaillaient dans les champs, se promenaient à découvert et ignoraient les règles élémentaires de protection. Les journaux locaux n'hésitaient pas à consacrer leur première page à l'illustration de personnes foudroyées ; par exemple, une famille (*cf. Le Petit Parisien* du 18 août 1901, *figure 47 à gauche) ou un sonneur de cloches à l'intérieur d'une église (cf. Le Petit Journal* du 11 septembre 1910, *figure 47 à droite).*

Dans Le Petit Journal du 1er juillet 1893, on lit, sous le titre « La Catastrophe de Fontainebleau » :

La pluie que l'on demandait avec tant d'insistance aurait pu venir plus discrètement et sans cet accompagnement de grêle et de tonnerre parfois meurtrier. Il y a quelques jours, à Héricy, près de Fontainebleau, trois cultivateurs, menacés par l'orage, commirent la grosse imprudence de se réfugier sous un énorme noyer. La foudre tomba. Un des hommes… fut tué net, son camarade… demeura paralysé de tout le côté gauche. Quant à la femme…, elle fut seulement précipitée à terre et n'eut que des contusions ; la population fut consternée de ce malheur. Nous avons tenu à en donner l'exacte reproduction dans l'espoir que ceux qui nous lisent perdront l'habitude, en cas d'orage, de se réfugier sous les grands arbres, paratonnerres dangereux qui attirent la foudre, mais sans la réduire à l'impuissance, comme l'engin que l'on doit à Franklin.

Au cours du XXe siècle, la foudre se révèle de moins en moins meurtrière, grâce à l'urbanisation croissante des populations et à l'utilisation de moyens de transports modernes à structure métallique formant cage de Faraday.

Toutefois, on dénombre encore de nombreuses victimes et des dégâts considérables, comme le prouvent les quelques exemples typiques énoncés ci-dessous. Les personnes intéressées consulteront avantageusement le site www.apfoudre.com de l'Association Protection Foudre qui collationne des extraits de presse sur le sujet.

Parmi les accidents de ces dernières années, citons, par exemple :

1. *foudroiements directs de personnes isolées* : considérons l'été 2002 en France, où furent tués une randonneuse (Hautes-Pyrénées), un alpiniste (massif de Néouville, Alpes), un jeune joggeur (Ile de Ré) et trois promeneurs (deux au Cap-d'Agde et un à Orange) ;
2. *foudroiements de groupes de personnes* : de septembre à décembre 2003, la République Démocratique du Congo a été particulièrement touchée : treize personnes foudroyées sur un marché de Kisangani, onze enfants morts dans une école de Bikoro (85 autres enfants blessés ont survécu) ;
3. *foudroiements sous un arbre isolé* : un homme se croyant à l'abri sous un arbre à Tongres en Belgique meurt foudroyé, le 18 juillet 2004 ;
4. *foudroiement à proximité d'un bouquet d'arbres* : le chaud 1er juillet 2008, cinq étudiants nettoient un bassin à proximité d'un bouquet d'arbres dans le Rhône ; la foudre frappe, un jeune est tué, un deuxième dans le coma est réanimé, les trois derniers sont projetés à terre ;
5. *foudroiements en montagne* : un des derniers parmi de nombreux accidents, deux jeunes gens tués, le 9 septembre 2005, sur un pic dominant Schaffhouse en Suisse ;
6. *foudroiements sur l'eau* : la foudre tue deux rameurs en canoë sur la Volga, près de Tsaritsyne en Russie ;
7. *foudroiements de quadrupèdes par tension de pas* : le record semble appartenir au Danemark, le 19 août 2004, 31 vaches furent terrassées en même temps sur l'Ile de Jutland ;
8. *foudroiement sur un terrain de football* : le 1er juin 2008 à 17 h 30, dans le Vaucluse, une bande de gamins s'entraîne sur le stade communal, la foudre est menaçante, le moniteur interrompt la partie... trop tard ; un enfant de 11 ans, foudroyé, subit un arrêt cardio-vasculaire mais peut être réanimé ; cinq autres enfants sont choqués ;
9. *feux de forêts* : la foudre allume pas moins de 40 feux de forêts au Québec et en Colombie Britannique (Canada), durant le seul été 2004 ;

10. *éclatements de clochers* : église Saint-Nicolas de Rheinau en Suisse, le 6 août 2004, église de Valflaunis dans l'Hérault, le 14 octobre 2004, église Saint-Jean à Tournai (Belgique), le 19 août 2005... ;

11. *toitures détruites par éclatement, souvent accompagné d'incendie* : six maisons incendiées dans le Var et le Vaucluse, le 4 septembre 2002, un pavillon à Savigny-sur-Orge dans l'Essone, le 19 août 2004, ou une école maternelle à Novalaise en Savoie, le 15 septembre 2004... (exemples de toiture et de façade endommagées suite à un foudroiement, *cf. figure 48*).

Aujourd'hui, les dommages matériels dont les coûts de réparation sont les plus importants touchent les innombrables équipements électroniques, mais ces incidents sont rarement répertoriés, même auprès des compagnies d'assurances.

Ces exemples justifient l'importance d'une protection efficace contre les multiples effets de la foudre. C'est l'objet du chapitre suivant.

Figure 48 | Exemples de toiture et de façade éclatés par foudroiement.

BIBLIOGRAPHIE

IEC/TR 62713, *Procédures de sécurité pour la réduction des risques à l'extérieur d'une structure*, rapport technique de la Commision électrotechnique internationale, rédigé par C. Bouquegneau et al., 31 décembre 2013.

Rakov V.A., Uman M.A., *Lightning – Physics and effects*, Cambridge Univ. Press, 2003.

PARTIE 4 :

LA PROTECTION CONTRE LA FOUDRE

Comment se protéger efficacement contre la foudre ? C'est parfois difficile, voire très coûteux, mais tout à fait possible, à l'heure actuelle, en appliquant certaines règles de prévention et les normes de protection, issues du Comité Technique TC 81 (Protection contre la Foudre) de la Commission Électrotechnique Internationale (IEC). En Europe, le Comité Technique TC 81X de CENELEC (norme européenne : EN), présidé par l'auteur, suit les mêmes règles. Ces normes IEC EN 62305 (cf. références) sont fondées sur l'analyse du risque en vue de réduire de façon significative les dégâts dus à la foudre sur les structures protégées.

Certes, il n'existe jusqu'à présent aucun appareil ni aucune méthode capables d'inhiber les décharges électriques de foudre. Les *décharges nuage–sol* directes ou au voisinage des structures peuvent endommager celles-ci, atteindre les personnes ainsi que les installations et les équipements qu'elles contiennent. Dès lors, il y a lieu d'appliquer des mesures efficaces de protection contre la foudre en termes d'évaluation et de gestion des risques.

Dans le cadre de la protection externe contre les dangers physiques ainsi que des pertes de vies humaines, on a peu progressé depuis les *paratonnerres à tige* de Franklin (1752) et les *cages maillées* (cages de Faraday à mailles lâches de Melsens, dépourvus d'aigrettes, entourant complètement les bâtiments ou autres structures à protéger). L'emplacement d'une *installation extérieure de protection contre la foudre* (IEPF), expression nettement plus indiquée que celle de *paratonnerre* qui fait songer à une seule tige verticale classique, doit être étudié avec soin dès le stade de la conception d'une nouvelle structure afin de pouvoir tirer le meilleur parti possible des éléments conducteurs de cette dernière, jusqu'à l'accès à la terre où un soin particulier est apporté en vue d'en minimiser la résistance électrique.

En général, une protection externe ne suffit pas ! Il faut soigner non seulement la protection des services entrant dans les bâtiments, en particulier les lignes de puissance et les lignes de communication, mais aussi la protection contre les impulsions électromagnétiques générées par la foudre (IEMF). Nous entrons dans le domaine des parafoudres (un *parafoudre* est conçu de façon telle qu'il présente une grande résistance et, mis en dérivation dans un circuit, n'agit pas en deçà d'un seuil de tension appliquée mais, au contraire, assure une quasi parfaite conductibilité électrique dès que ce seuil de tension est dépassé ; il écrête, par exemple, les surtensions d'origine atmosphérique ou surtensions de foudre) et des écrans magnétiques où des progrès substantiels ont été réalisés, suite à une meilleure connaissance des caractéristiques des courants de foudre.

Cette quatrième partie a pour objet d'informer et de sensibiliser les utilisateurs d'une protection contre la foudre en leur permettant de mettre en application des principes simples et des méthodes appropriées.

8

Interception du traceur et bases de la protection

MÉCANISMES D'INTERCEPTION

L'installation de paratonnerres à tiges verticales (type Franklin) fut longtemps considérée comme le remède miracle de protection contre la foudre. On considéra longtemps, à tort, que la pointe exerçait un pouvoir d'attraction dans un volume relativement réduit appelé *zone (cône) de protection du paratonnerre*, volume conique centré au sommet de la pointe avec un demi-angle au sommet déterminé (30°, 45° ou 60°, par exemple).

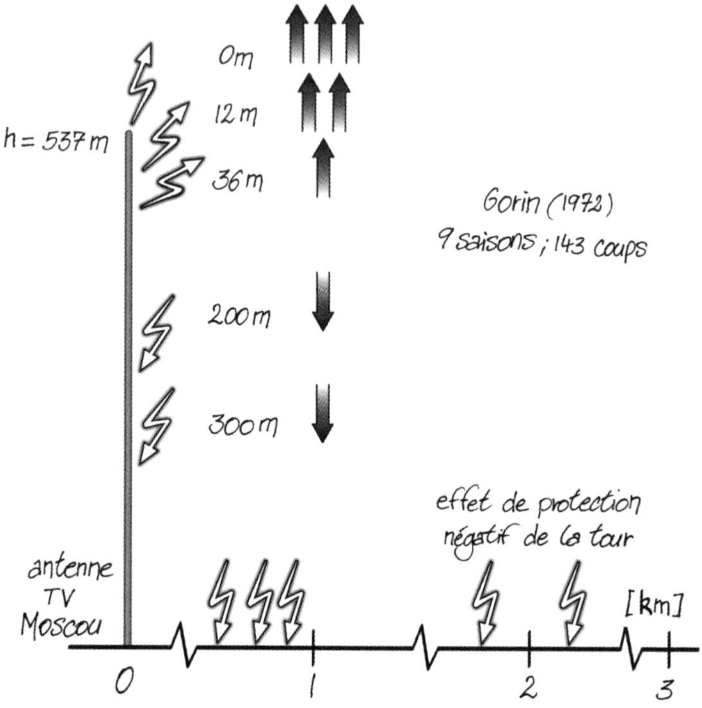

Figure 49 | Foudroiement de l'antenne d'émission TV d'Ostankino à Moscou (1968–1972).

Ces modèles furent rapidement infirmés par l'expérience ; on observa de nombreux impacts au pied ou le long des hautes tiges de paratonnerres, des tours mises à la terre et des pylônes d'antennes ou de lignes à haute tension. À ce propos, une observation systématique des impacts fut conduite sur des tours d'émission de télévision très élevées (> 500 m), notamment à Toronto et à Moscou.

En 1972, l'expérimentateur russe Gorin rapporte que la tour de télévision d'Ostankino à Moscou, haute de 537 m *(cf. figure 49)*, fut foudroyée 143 fois en quatre ans et demi, soit en moyenne 32 fois par an, avec un maximum de 12 coups lors d'un même orage ; 83 coups furent photographiés et 41 décharges enregistrées. L'amplitude maximale du courant mesuré valait 46 kA (kiloampères). Les temps de front et temps de queue des ondes de courant variaient, respectivement, entre 1 et 10 µs (microsecondes) et entre 20 et 70 µs. Les polarités étaient également réparties (autant de décharges positives que de décharges négatives) ; 49 coups ascendants furent enregistrés, la plupart issus du sommet, mais plusieurs coups frappèrent la tour entre 12 et 36 m du sommet ; deux coups descendants atteignirent la tour respectivement à 200 et à 300 m du sommet. De plus, Gorin constata beaucoup plus de coups au sol dans un rayon de 1 km de la base que sur une surface au sol équivalente située entre 2 et 3 km du pied de l'antenne. La tour exerçait ainsi un *effet de protection négatif* !

UN PARATONNERRE DÉCHARGE-T-IL UN NUAGE ORAGEUX ?

Au XVIIIe siècle, on pensait que le paratonnerre à tige de Franklin écoulait vers la terre les charges accumulées autour des pointes et empêchait ainsi la foudre de tomber, ce qui est en flagrante contradiction avec les connaissances actuelles sur les phénomènes d'ionisation : l'effet de couronne (feux de Saint-Elme) génère un courant qui ne dépasse pas 100 mA et une pointe effilée ne peut écouler qu'un courant de l'ordre du mA ; pour décharger un nuage orageux, il faudrait donc agir continûment, en moyenne, pendant des semaines, voire des mois ou des années, alors que le cumulo-nimbus se recharge en quelques secondes. Le paratonnerre est donc incapable de décharger le nuage orageux.

Par une courte tige de Franklin unique installée sur une structure, la protection contre la foudre est illusoire. La seule protection efficace consiste à entourer la structure à protéger d'une cage maillée, à moins que cette structure ne soit elle-même métallique.

Les paratonnerres radioactifs n'ont aucune efficacité supplémentaire par rapport à une tige de Franklin classique ; ils sont aujourd'hui interdits dans la plupart des pays du monde (notamment en France et en Belgique, depuis trois décennies).

UN PARATONNERRE ATTIRE-T-IL LA FOUDRE ?

Non, pas vraiment. Un traceur descendant voit sa trajectoire influencée par un objet mis à la terre, uniquement quand la tête du traceur est à cent mètres environ de cet objet : l'interception a lieu et un arc en retour provoque l'écoulement de la charge vers le réseau de terre, via les descentes métalliques prévues à cet effet.

Depuis quarante ans environ, divers paratonnerres, dits *actifs*, équipés de dispositifs favorisant l'ionisation et appelés *paratonnerres ionisants électriques*, ont envahi le marché. Parmi ces derniers, les *paratonnerres à dispositif d'amorçage* (PDA) couvrent aussi bien les modèles à effet de couronne piloté que ceux à génération d'étincelles. Toutefois, dans leur conception actuelle, ces paratonnerres, dits actifs, n'ont aucune efficacité supplémentaire prouvée (scientifiquement et sur le terrain) par rapport à la tige de Franklin classique placée à la même hauteur, contrairement à ce que prétendent certains constructeurs et autres vendeurs. À ce propos, la communauté scientifique internationale s'étonne que la norme française NF C17-102 (PDA) ne soit pas retirée, la norme NF C17-100 (cages maillées) étant la seule conforme à la norme internationale et européenne IEC EN 62305. Cette dernière ignore tous les types de paratonnerres non conventionnels actuels. Dans sa deuxième édition (2010), on lit, à bon escient, que, *pour tous les types de dispositifs de capture, seules les dimensions physiques réelles des systèmes de capture métalliques doivent être utilisées lors de la détermination du volume protégé.*

D'autres dispositifs non conventionnels, censés intensifier le champ électrique, collecteraient davantage de décharges atmosphériques dans un volume élargi (type CVM, *collection volume method*).

Toutefois, il est scientifiquement prouvé qu'aucun de ces systèmes ne possède les pouvoirs prétendus par leurs constructeurs et les expériences dans la nature ont chaque fois prouvé leur inefficacité.

UN PARATONNERRE IONISANT OU À AVANCE À L'AMORÇAGE EST-IL PLUS ACTIF QU'UN PARATONNERRE PASSIF PLACÉ DANS LES MÊMES CONDITIONS ?

Jamais aucun essai en laboratoire ni dans la nature n'a montré qu'un quelconque paratonnerre dit actif, appelé aussi paratonnerre non conventionnel (repousseur de foudre, ionisant électrique, à émission avancée du streamer, à dispositif d'amorçage, à réseau dissipateur ou autre éliminateur, etc.), ne repoussait ni n'attirait mieux la décharge de foudre qu'un simple paratonnerre passif (tige de Franklin classique) de même géométrie, placé à la même hauteur sur n'importe quelle structure.

En effet, les structures doivent être protégées de façon telle que toute l'énergie électrique apportée par les courants de foudre soit dispersée dans le sol, que les êtres vivants soient protégés contre les tensions de contact et les tensions de pas près des conducteurs de descente, que les systèmes électriques et électroniques soient à l'abri des champs électromagnétiques générés par la foudre et que les énergies injectées par le courant de foudre dans les lignes de puissance et de communication soient dissipées par les parafoudres (*cf. chapitre 10*). Aucun des systèmes non conventionnels actuels ne possède ces propriétés. De plus, toutes les différences de potentiel entre parties conductrices doivent être annulées grâce au recours à un système d'équipotentialisation. Toutefois, le point essentiel concerne l'aire de protection annoncée par les concepteurs de systèmes non conventionnels de protection externe contre la foudre. Tous les tests effectués soit dans les laboratoires à haute tension, soit dans la nature, ainsi que les dégâts évalués sur les structures équipées de tels systèmes pourtant frappées par la foudre, conduisent à prouver que ces aires sont nettement surestimées par les fabricants. Cela prouve que les systèmes non conventionnels ne répondent pas aux exigences de la normalisation internationale ou européenne et ne constituent en aucun cas l'état de l'art en la matière.

À l'image des scientifiques de la communauté internationale, les comités électrotechniques nationaux sont loin de fermer la porte à de futurs développements de nouveaux dispositifs de capture dans le cadre de la protection externe contre la foudre, systèmes capables de décharger les nuages orageux. Toutefois, la technologie actuelle ne le permet pas ! De plus, des mesures de protection contre les surtensions resteraient requises.

En revanche, la résistance de terre d'une structure susceptible d'être frappée par la foudre exerce une grande influence sur la probabilité d'impact : plus basse est la résistance de mise à la terre d'une structure, plus grande est la probabilité d'impact sur celle-ci. À l'instar d'autres expérimentateurs, l'auteur a conduit de nombreux essais en laboratoire pour le vérifier,

Les connaissances actuelles sur le processus d'interception et les caractéristiques des courants de foudre ont permis de développer un modèle mathématique décrivant l'impact de la foudre sur une structure donnée, ce modèle est appelé *modèle électrogéométrique* ou *modèle de la sphère roulante* ou encore *modèle de la sphère fictive.*

MODÈLE ÉLECTROGÉOMÉTRIQUE

Un traceur saccadé (ou précurseur, ou traceur par bonds) issu de la partie *négative* de la base d'un cumulo-nimbus porte une charge négative concentrée à sa tête, progresse vers le sol et élève la composante verticale du champ électrique à des valeurs pouvant atteindre de l'ordre de 300 kV/m. Des décharges partielles (effluves) positives du type *corona* (effet corona ou effet de couronne) se propagent vers la tête du traceur descendant ; celle qui rencontre la première la tête du traceur descendant entraîne un arc en retour ou contre-décharge qui jaillit du sol par le canal complètement ionisé.

La composante verticale du champ électrique au voisinage du sol est fonction de la quantité de charges présentes dans le traceur et de la distance qui sépare la pointe du sol. Le premier coup neutralise généralement la charge du traceur, si bien qu'il existe un rapport quasi constant entre la charge électrique (C) et l'amplitude du courant de foudre (kA). L'expérience montre que ce rapport vaut environ 15 kA/C (kiloampères par coulomb).

À partir de cette hypothèse, une relation a été établie entre la *distance d'amorçage* d et l'intensité I du courant présumé, à l'instant où le champ électrique critique est atteint au niveau du sol.

Le modèle électrogéométrique considère cette dépendance mais il ne fait aucune discrimination quant au type de structure attractive (sol, arbre, bâtiment, paratonnerre…), ni à sa hauteur. Il n'est strictement applicable qu'aux coups de foudre avec traceurs négatifs descendants (90 % des coups dans nos régions tempérées). S'il n'est pas scientifiquement complètement démontré, il apparaît comme le meilleur modèle actuel, car il est tout à fait validé statistiquement à l'échelle mondiale. De nombreux nouveaux modèles, qui ne contredisent pas le modèle électrogéométrique mais qui tiendraient compte des effets d'attraction préférentielle à grande hauteur, sont à l'étude.

D'après le modèle électrogéométrique, la distance d'amorçage d (exprimée en mètres) est liée au courant I (exprimé en kA) par la relation *(cf. figure 50)* :

$$d = 10\ I^{0,65}.$$

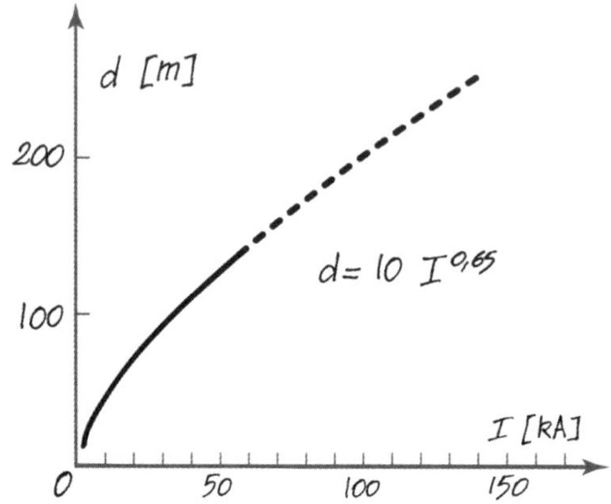

I [kA]	d [m]
2	16
5	28
10	45
30	91
50	127
100	(200)
150	(260)
200	(313)

Figure 50 | Distance d'amorçage selon le modèle électrogéométrique.

L'objet qui se trouve le premier à la distance d de la tête du traceur constitue le point d'impact du coup, à condition que cet objet soit raccordé à la terre. La progression du traceur d'interception est d'autant plus rapide que l'impédance de terre de l'objet dont il est issu est plus faible.

Bien que le modèle électrogéométrique ait été développé pour les seuls traceurs négatifs descendants, on l'utilise aussi pour les traceurs positifs dont la tête est l'origine de filaments couronne (streamers ou canaux conducteurs) qui s'en échappent. Toutefois, quand un tel traceur s'approche du sol, les traceurs d'interception se développent très peu. On considère néanmoins que les filaments couronne jouent le même rôle que dans le cas de la décharge négative.

À titre d'exemple, la *figure 51* illustre la protection d'une tige verticale de hauteur h, égale à 80 m, pour deux valeurs d_1 (15 m) et d_2 (100 m) de la distance d'amorçage, correspondant à des amplitudes I respectives du courant de foudre de 1,9 kA et de 35 kA. Si la distance d'amorçage est faible (*cf. figure 51a* où d_1 = 15 m), la tige ne protège qu'un petit cône curviligne en son pied et la foudre peut atteindre soit presque toute la tige, soit le sol au-delà d'une distance OA_1 = 15 m ; en revanche, si la distance d'amorçage est supérieure à la hauteur de la tige (*cf. figure 51b* où d_2 = 100 m), tout objet situé à l'intérieur du grand cône curviligne sera protégé et la foudre atteindra soit la pointe de la tige, soit le sol au-delà de la distance OA_2. On constate que la zone de protection est d'autant plus grande que l'amplitude du courant est plus élevée.

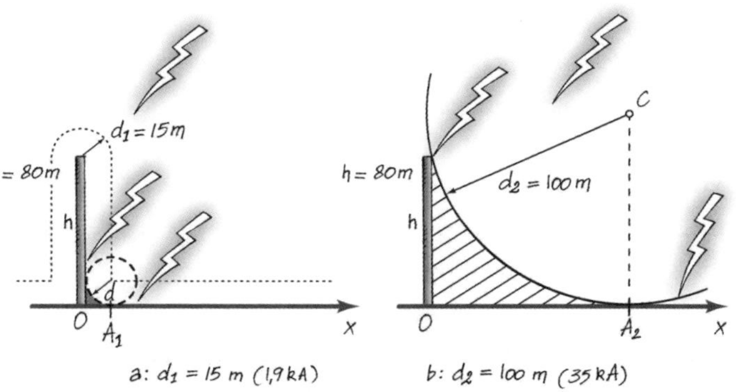

Figure 51 | Modèle électrogéométrique appliqué à la protection par tige verticale.

Aux amplitudes supérieures à 50 kA la dispersion est importante et le point d'impact de plus en plus aléatoire. Au contraire, pour de faibles amplitudes de courant (de l'ordre du kiloampère), la zone de protection de la tige verticale est très réduite. Il est aussi illusoire d'attendre une protection parfaite au moyen d'un seul paratonnerre à tige verticale placée sur un bâtiment, d'où l'utilisation généralisée d'une cage de Faraday à mailles lâches ou d'un réseau de fils tendus en excellente continuité électrique à la fois entre eux et avec la terre.

UN PARATONNERRE À TIGE VERTICALE PROTÈGE-T-IL UNE ZONE CONIQUE DÉTERMINÉE DANS SON VOISINAGE ?

On a longtemps cru qu'un paratonnerre à tige installé sur un haut mât vertical protégeait sous un cône centré sur sa pointe avec un demi-angle au sommet de 45°, voire de 60°. Les anciennes normes nationales les recommandaient ! Cette façon de procéder est en flagrante contradiction (surtout pour les structures de grande hauteur !) avec les observations et avec le modèle électrogéométrique mondialement accepté et appliqué aujourd'hui dans les normes de protection contre la foudre actuelles.

BASES DE LA PROTECTION EXTERNE DES BÂTIMENTS ET AUTRES STRUCTURES

Jusqu'à présent, il est impossible d'empêcher l'impact de la foudre, puisqu'il n'existe aucun appareil ni aucune méthode capables de supprimer ces décharges électriques.

Des décharges nuage–sol directes ou au voisinage des structures peuvent endommager celles-ci, atteindre les personnes ainsi que les installations et les équipements que ces structures contiennent. Dès lors, il faut appliquer des mesures de protection contre la foudre en termes d'évaluation du risque.

Seule une analyse des risques permet d'évaluer le niveau de protection requis. L'objectif du choix d'une classe de protection est de ramener au-dessous d'un niveau maximal tolérable le risque de dégradations causées par un coup de foudre direct sur une structure ou contre une enceinte à protéger. Les dommages dépendent de plusieurs caractéristiques parmi lesquelles l'utilisation, le contenu (en personnes et en biens) à protéger, les matériaux de construction et les mesures prises pour réduire les risques consécutifs à la foudre.

Les paramètres des courants de foudre *(cf. chapitre 4)* sont choisis à partir des données mondiales récoltées, notamment, par le CIGRE (Conseil International des Grands Réseaux Électriques à

Haute Tension ; Rakov *et al.*, 2013) et les formes d'ondes de foudre relèvent de plusieurs classifications : composantes de courte ou de longue durée, composantes possibles de coups descendants qui dépendent essentiellement de la polarité, composantes possibles de coups ascendants qui dépendent non seulement de la polarité mais aussi de la succession possible des différentes composantes. Ces formes d'ondes influencent la conception des installations de protection contre la foudre, la conception des systèmes de protection contre les impulsions électromagnétiques générées par la foudre ainsi que les essais des composants d'installations de protection contre la foudre.

Soit N_d la fréquence annuelle des impacts sur la structure (liée à la densité des éclairs au sol N_G et à la surface équivalente d'exposition de la structure) et N_c la fréquence annuelle maximale des impacts tolérable sur cette structure.

On appelle *efficacité globale* E (exprimée en *pour cent*) *de la protection* la grandeur

$$E = 1 - (N_c/N_d).$$

Si $N_d < N_c$, une installation de protection contre la foudre n'est pas nécessaire, mais, par précaution, elle peut toujours être réalisée.

En revanche, si $N_d > N_c$, une installation de protection contre la foudre doit être réalisée conformément aux exigences du *niveau de protection* retenu.

Dans la norme internationale et européenne IEC EN 62305, on définit quatre classes de systèmes de protection contre la foudre (I, II, III ou IV respectivement) correspondant à un ensemble de règles de construction et liés aux *classes de protection* correspondantes (I, II, III ou IV). Dans un premier temps, on y associe une *efficacité de protection globale* respective de 98 % (classe I), 95 % (classe II), 90 % (classe III) ou 80 % (classe IV). Pour dépasser 98 % d'efficacité de protection globale (classe I+), il faut évidemment appliquer des mesures de protection additionnelles.

Plus précisément, on associe à chaque classe de protection (I, II, III ou IV) un ensemble de *valeurs minimale et maximale* des paramètres liés aux courants de foudre imposées pour une classe de protection fixée. Ainsi les valeurs maximales respectives des amplitudes de courants de foudre sont fixées à 200 kA (99 % des coups) en classe I, à 150 kA (98 % des coups) en classe II et à 100 kA (97 % des coups) en classes III et IV.

Les valeurs minimales des amplitudes de courant de foudre sont liées à l'application de la méthode de la sphère fictive (de rayon R) dans l'avant-projet d'installations de systèmes de protection contre la foudre : elles sont fixées à 3 kA (99 % des coups ; R = 20 m) en classe I, à 5 kA (97 % des coups ; R = 30 m) en classe II, à 10 kA (91 % des coups ; R = 45 m) en classe III et à 16 kA (84 % des coups ; R = 60 m) en classe IV.

On détermine aisément une probabilité pondérée signifiant que les paramètres des courants de foudre restent situés entre des valeurs minimales et maximales imposées et qu'un ensemble de mesures de protection est défini pour cette gamme de valeurs au sein d'une classe de protection retenue. L'efficacité de telles mesures de protection est supposée égale à la probabilité pour laquelle les paramètres des courants de foudre sont situés à l'intérieur de cette gamme.

UN PARATONNERRE À TIGE EST-IL MEILLEUR QU'UN CAPTEUR HORIZONTAL ET JOUE-T-IL LE MÊME RÔLE QU'UNE CAGE MAILLÉE ?

Une seule tige verticale de Franklin est, en général, incapable de protéger un bâtiment de grandes dimensions. Sauf pour protéger un mât de drapeau, le paratonnerre à tige verticale est inutile dès qu'une cage de Faraday à maillage tridimensionnel ou un maillage de fils tendus sont installés pour protéger un site, un bâtiment ou une structure.
De nombreuses observations de foudroiement au sommet de buildings de grande hauteur (> 60 m) ont montré que la foudre atteignait préférentiellement les coins supérieurs (90 %), puis les arêtes (5 %) de l'IEPF (cage de Faraday à mailles lâches), avant le reste du bâtiment (parties supérieures des façades...), qu'il y ait ou non un paratonnerre à tige verticale installé au centre du toit.

APPLICATION : LA FOUDRE ET LES LIGNES À HAUTE TENSION

Depuis les premiers temps du transport de l'énergie électrique, effectué grâce à des lignes triphasées à haute tension supportées par des pylônes de grande hauteur, les défauts dus aux surtensions d'origine atmosphérique (la foudre) furent une cause essentielle des interruptions de service.

Cibles privilégiées, les pylônes et les conducteurs de phase sont fréquemment frappés par la foudre, aussi a-t-on rapidement introduit des *câbles de garde*, reliés directement aux pylônes mis à la terre, au-dessus des lignes sous tension à protéger *(cf. figure 52)*.

On distingue trois mécanismes d'amorçage des chaînes d'isolateurs supportant les lignes à haute tension :

- le *contournement par induction* (1), lorsque la foudre frappe le sol au voisinage de la ligne sans toucher directement un élément quelconque de celle-ci ; toutefois, ce mécanisme se révèle peu dangereux sur les lignes à de plus en plus haute tension ;

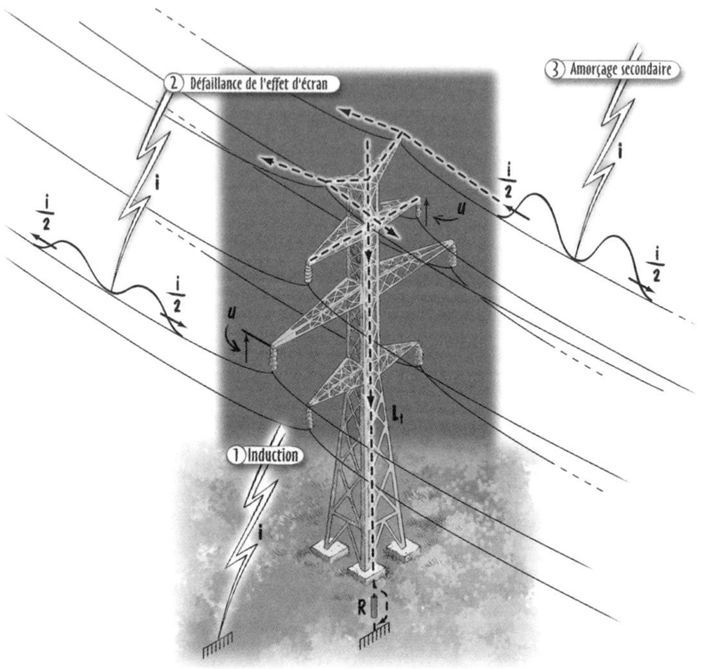

Figure 52 | Trois mécanismes d'impact de la foudre sur les lignes à haute tension.

- le *contournement par défaillance de l'effet d'écran* (2), lorsque la foudre frappe un conducteur de phase, l'écran constitué par les câbles de garde n'ayant pas joué son rôle ;
- même si un positionnement judicieux, voire optimal, des câbles de garde mis à la terre à travers les pylônes permet d'éliminer les effets néfastes des coups directs, la ligne n'est pas toujours intégralement protégée ; en effet lorsqu'un coup de foudre atteint un câble de garde ou le pylône même, le courant s'écoule vers la terre via les pylônes les plus proches de l'impact et fait monter le potentiel de la prise de terre, d'autant plus que celle-ci possède une résistance élevée ; si l'onde de tension réfléchie au sol atteint la valeur de la tension d'amorçage critique des chaînes d'isolateurs, se produit

un *amorçage secondaire* ou *amorçage en retour* (3) qui engendre un défaut analogue à celui produit par les coups directs sur les conducteurs de phase, préférentiellement sur les conducteurs de lignes les plus éloignés de la terre.

Figure 53 | Pylônes anti-foudre *Bouquegneau* pour lignes à haute tension : (a) : pylônes d'angle (oreilles) ; (b) : pylône d'alignement.

Appliquant le modèle électrogéométrique qui, soulignons-le, fut d'abord mis en œuvre par Whitehead sur les lignes à haute tension, l'auteur a été le premier, dans les années 1970, à proposer, pour les pylônes du type drapeau classique installés sur le réseau belge de lignes à haute tension (150 et 380 kilovolts), une structure optimale anti-foudre de pylône à angles de protection négatifs (les câbles de garde débordent latéralement par rapport aux conducteurs de phase, *cf. références* et *figure 53a* et *53b*). Il n'est pas seulement anti-foudre par rapport à la défaillance de l'effet d'écran, mais aussi face aux problèmes liés à l'amorçage en retour.

Depuis que ces pylônes sont installés pour les lignes à haute tension en Belgique, notamment sur la ligne à 380 kV Massenhoven (Anvers) – Maasbracht (Maastricht, Pays-Bas) dans les années quatre-vingt, ils se sont révélés particulièrement efficaces puisqu'on n'y a enregistré, depuis lors, qu'un nombre négligeable de défaillances.

BIBLIOGRAPHIE

Comité Électrotechnique International, norme IEC EN 62305 (édition 2 : 2010), *Protection contre la Foudre*, divisée en quatre parties :
- 62305-1 : Principes généraux ;
- 62305-2 : Évaluation du risque de foudroiement ;
- 62305-3 : Dommages physiques sur les structures et risques humains ;
- 62305-4 : Protection des systèmes électriques et électroniques à l'intérieur des structures.

Rakov V.A., Borghetti A., Bouquegneau C., et al., *Lightning parameters for engineering applications*, publication CIGRE (Conseil international des grands réseaux électriques à haute tension) TB549, août 2013.

Bouquegneau C., *Une structure anti-foudre de pylône à haute tension*, CIGRE, Compte rendu du Symposium 22-81, Stockholm, 1981, 6 pages ; texte résumé de l'article intitulé *Un pylône anti-foudre pour lignes à haute tension*, paru dans la Revue E, Acta Technica Belgica, IX-10, 1980, pages 191–208, mémoire couronné du Prix de la Société Royale Belge des Électriciens qui fut attribué à l'auteur en 1979.

9

Installation Extérieure de Protection contre la Foudre

INTRODUCTION :

Une Installation Extérieure de Protection contre la Foudre (**IEPF**) assure la protection la plus efficace possible des personnes, des bâtiments et de toutes structures. Le type et l'emplacement des éléments conducteurs de cette installation répondent aux soucis d'efficacité mais aussi d'esthétique, tout en minimisant les coûts. Un soin particulier est apporté à la réalisation d'un réseau de prises de terre de résistance électrique la plus faible possible.

Comme nous l'avons vu au chapitre précédent, une installation complète de protection des structures contre les effets de la foudre comprend généralement un **système de protection contre la foudre (SPF),** installation complète permettant de réduire les dangers de dommages physiques dus aux coups de foudre directs sur une structure, et une **MPF**, installation permettant la prise de mesures pour protéger les réseaux internes (réseaux de puissance et de communication) contre les effets des chocs (ou impulsions) électromagnétiques de foudre (**IEMF**).

Le système extérieur de protection contre la foudre (**IEPF**) est destiné à intercepter un coup de foudre sur la structure (dispositive de capture), à écouler le courant de foudre vers la terre (conducteur de descente) et à disperser le courant de foudre dans la terre (réseau de mise à la terre).

Un système de protection intérieure contre la foudre (**IIPF**) permet de prévenir les étincelles dangereuses dans la structure en utilisant une liaison équipotentielle ou une distance de séparation (et de ce fait une isolation électrique) entre les composants du système de protection extérieure et les autres éléments conducteurs internes de la structure.

Les mesures de protection essentielles contre les blessures d'êtres vivants dues aux tensions de contact et aux tensions de pas sont destinées à réduire les courants dangereux s'écoulant dans le corps humain par isolation des masses et/ou en augmentant la résistivité superficielle du sol et à réduire aussi l'apparition de tensions de contact et de tensions de pas dangereuses par des restrictions physiques et/ou par des pancartes d'avertissement.

Le type et la localisation du système extérieur de protection contre la foudre doivent d'abord tenir compte des éléments électriquement conducteurs de la structure.

Le système extérieur de protection contre la foudre IEPF peut être **isolé** ou **non isolé** de la structure à protéger.

Dans le cas d'un **système isolé**, le dispositif de capture et les descentes sont installés de façon à ce que le parcours du courant de foudre ne soit pas en contact avec la structure à protéger et qu'aucun étincelage dangereux ne puisse se produire entre le SPF et la structure. La plupart du temps, le système isolé peut être attaché à la structure à protéger.

Un système isolé est requis lorsque des effets thermiques ou explosifs au point d'impact sur les conducteurs portant le courant de foudre peuvent engendrer des dommages sur la structure ou sur son contenu. Parmi les cas typiques, signalons les structures avec murs et revêtements combustibles ainsi que les surfaces avec danger d'incendie ou d'explosion.

Une autre exigence importante consiste à éviter l'étincelage entre le système de protection contre la foudre et la structure ; pour la satisfaire, il faut prévoir une isolation ou une séparation suffisantes dans les systèmes **isolés et non isolés** ; de plus, dans les systèmes **non isolés**, il faut équipotentialiser.

Les composants naturels (canalisations métalliques, câbles écrantés...) peuvent être utilisés comme parties du système de protection extérieure ; dans ce cas, un soin particulier doit être apporté aux structures contenant des substances inflammables ou explosibles ou d'autres zones à risque. Le choix et les dimensions des matériaux doit être judicieux.

La norme internationale IEC EN 62305-3 (norme IEC EN 62305, 2010) sert de base au traitement de la protection extérieure.

Cette norme prévoit quatre classes de protection (I, II, III, IV). Dans chaque classe de protection, il convient de définir les paramètres des courants de foudre, le rayon de la sphère fictive (ou la taille des mailles, ou l'angle de protection) suite à l'application du modèle électrogéométrique, l'espacement des conducteurs de descente, la distance de séparation pour éviter les étincelles dangereuses, les caractéristiques de la mise à la terre.

Ne dépendent pas de la classe de protection : les liaisons équipotentielles de foudre, l'épaisseur minimale des tôles ou des canalisations métalliques des dispositifs de capture, les matériaux et les conditions d'utilisation des SPF, les matériaux et dimensions minimales des dispositifs de capture, des descentes et des mises à la terre, les dimensions minimales des conducteurs de connexion.

L'IEPF, du type cage maillée tridimensionnelle (ou cage de Faraday à mailles lâches), consiste en un système comprenant :

– un dispositif de capture formé de capteurs (conducteurs métalliques maillés horizontaux, tiges verticales pour les mâts non conducteurs, fils tendus entre pylônes, etc.) à l'exclusion d'inutiles aigrettes (qui ont au contraire tendance à uniformiser le champ électrique dans l'air environnant et donc à réduire l'effet de pointe), des paratonnerres radioactifs (interdits aujourd'hui) ou ionisants électriques (de tous les types connus à l'heure actuelle) ;

- des descentes (conducteurs métalliques souvent verticaux établissant la liaison électrique entre capteurs et connexions de mesure) ;
- d'éventuelles (pour les bâtiments élevés) canalisations de liaison ou *liaisons équipotentielles* (conducteurs métalliques souvent horizontaux assurant la liaison électrique entre descentes et, éventuellement, entre capteurs) ;
- des connexions de mesure (connexions démontables entre descentes et conducteurs de terre permettant de mesurer la résistance électrique des électrodes de terre) ;
- des électrodes de terre (conducteurs métalliques enfouis dans le sol assurant la liaison électrique avec la terre), éventuellement associées à une boucle de terre (boucle en fond de fouille ou canalisation de liaison reliant deux ou plusieurs électrodes de terre et entourant la structure à protéger).

La continuité électrique est assurée entre les différentes parties métalliques par soudure ou par brasure ; les structures raccordées sont rendues équipotentielles.

Certains composants naturels sont considérés comme faisant partie du dispositif de capture s'ils respectent au moins les exigences imposées aux éléments introduits artificiellement (continuité électrique, épaisseur et section suffisantes, ...).

DISPOSITIFS DE CAPTURE

Les dispositifs de capture utilisent des matériaux métalliques tels que tiges simples, fils tendus ou conducteurs maillés, voire une combinaison de ces trois types de composants.

Grâce à l'application du modèle électrogéométrique, on positionne le dispositif de capture en fonction de la classe de protection retenue (rappelons qu'un rayon de la sphère fictive r = 20, 30, 45 ou 60 m est retenu pour les classes de protection respectives I, II, III ou IV).

En toiture, ce type de protection correspond à un réseau plat de mailles de côtés respectifs 5 m (classe I), 10 m (classe II), 15 m (classe III) ou 20 m (classe IV).

L'emplacement des installations extérieures de protection contre la foudre (IEPF) doit être étudié avec soin dès le stade de la conception d'une nouvelle structure afin de pouvoir tirer le meilleur parti des éléments conducteurs de cette dernière, jusqu'à l'accès à la terre où un soin particulier est apporté en vue d'en minimiser la résistance électrique. Même dans le cas de structures existantes, il y a toujours moyen de s'en sortir.

Les dispositifs de capture seront installés préférentiellement aux coins, aux points les plus exposés, sur les côtés et arêtes supérieurs des structures, sur les parties supérieures des façades pour les bâtiments élevés... en accord avec la méthode de la sphère fictive.

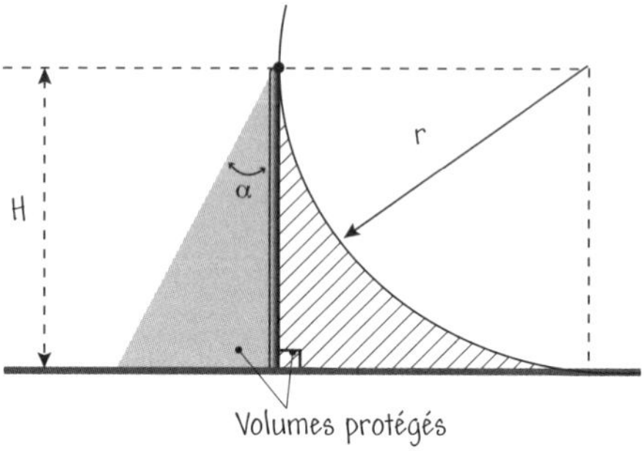

Classe de SPF	Méthode de protection		
	Rayon de sphère fictive r (m)	Dimension des mailles w (m)	Angle de protection α
I	20	5 × 5	Voir Figure ci-dessous
II	30	10 × 10	
III	45	15 × 15	
IV	60	20 × 20	

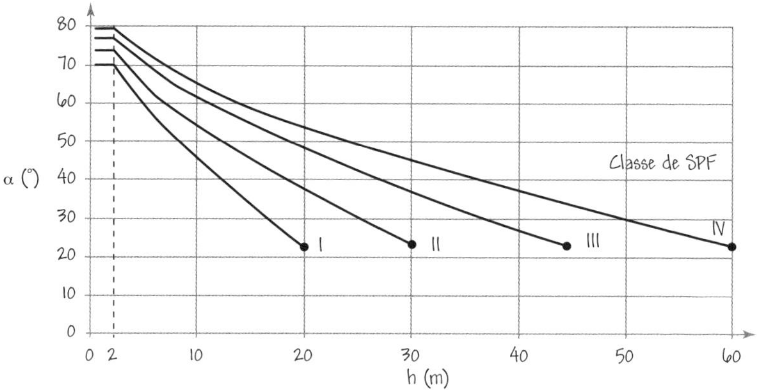

NOTE 1 : Non applicable au-delà des valeurs marquées *. Seules des méthodes de la sphère ficitive et des mailles sont applicables dans ces cas.
NOTE 2 : H est la hauteur du dispositif de capture au-dessus du plan de référence de la zone à protéger.
NOTE 3 : L'angle ne changera pas pour des valeurs de H inférieures à 2 m.

Figure 54 | Comparaison entre les paramètres utilisés dans les trois méthodes (norme IEC EN 62305, 2010).

Pour satisfaire aux besoins de certains comités nationaux, la norme IEC EN 62305-3 (norme IEC EN 62305, 2010) accepte aussi la méthode des mailles (sur les toits plats) ou la protection par angle de protection (avec des limitations !).

Les valeurs maximales du rayon r de la sphère fictive, du pas des mailles w et de l'angle de protection α correspondant aux quatre classes de protection sont données à la *figure 54*. Ces valeurs sont estimées en vue d'obtenir des volumes équivalents de protection quelle que soit la méthode utilisée.

L'efficacité des mesures de protection est supposée être égale à la probabilité de rencontrer les paramètres des courants de foudre situés entre des limites minimales et maximales relatives à la classe de protection retenue.

Utilisation de la méthode de la sphère fictive pour l'emplacement des dispositifs de capture

Par application de la méthode de la sphère fictive, l'emplacement du dispositif de capture est adéquat si aucun point du volume à protéger n'est en contact avec une sphère de rayon r dépendant de la classe de protection (I, II, III, IV, *cf. tableau de la figure 54*), et roulant tout autour et au sommet de la structure dans toutes les directions possibles. De la sorte, la sphère ne touche que le dispositif de capture (*cf. figure 55 à la fois à gauche et à droite* où la hauteur H de la structure est inférieure à 60 m).

Sur les structures de hauteur H supérieure à r, des décharges latérales peuvent apparaître. Chaque point latéral de la structure touché par la sphère fictive est un point d'impact possible. Toutefois, la probabilité de décharge latérale est généralement très faible pour des structures de moins de 60 m de haut.

Pour des structures plus élevées, la majorité des impacts sont sur les toits, les coins et les arêtes de la partie supérieure de la structure. Seuls quelques pour cent des décharges frappent les parties latérales. De plus, il est prouvé expérimentalement que la probabilité de décharge latérale décroît avec la hauteur de la structure. C'est pourquoi il suffit d'installer un dispositif de capture sur les parties supérieures des parois latérales, typiquement sur les 20 % supérieurs de la hauteur de la structure (*cf. milieu de la figure 55*).

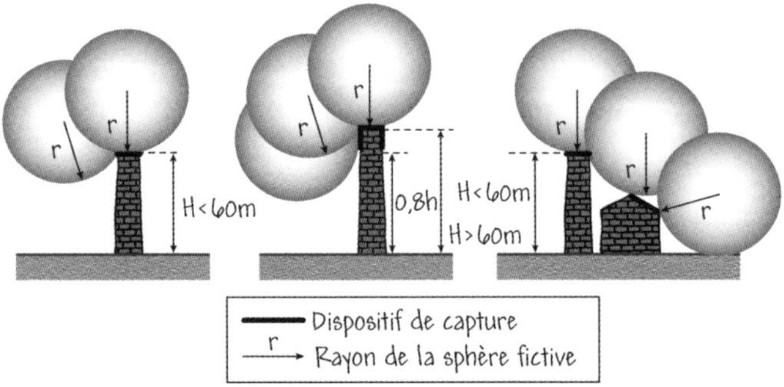

Figure 55 | Emplacement des dispositifs de capture selon la méthode de la sphère fictive (norme IEC EN 62305, 2010).

Revenant à la partie droite de la *figure 55*, si la hauteur de la structure (cheminée) est supérieure au rayon r de la sphère fictive, dans la classe de protection retenue, en faisant rouler la sphère tout autour de la structure jusqu'à ce qu'elle rencontre le sol ou n'importe quel objet, en contact avec celui-ci, capable d'agir comme un conducteur de courant de foudre, nous remarquons qu'un dispositif latéral de capture doit être installé sur la partie supérieure de la structure.

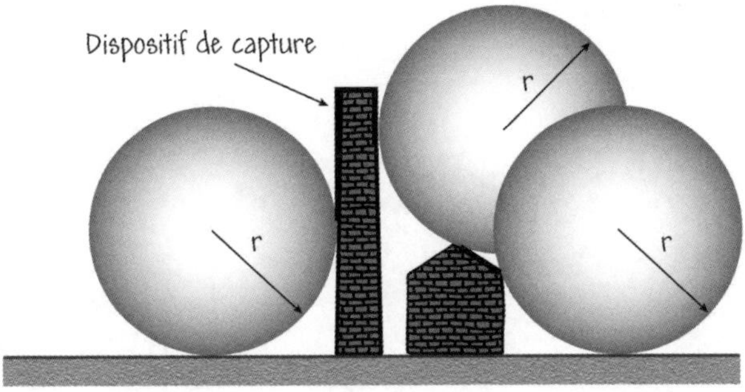

Figure 56 | Dispositif de capture particulier de la partie droite de la figure 55, lorsque la hauteur de la cheminée est très élevée (H > r).

EMPLACEMENT DU DISPOSITIF DE CAPTURE SELON LA MÉTHODE DES MAILLES

La méthode des mailles est applicable pour des structures à toit plat ou pour la protection contre les décharges latérales des façades de grande hauteur.

Le réseau maillé est supposé protéger toute la surface supérieure si les conditions suivantes sont remplies :

- le dispositif de capture est placé sur les arêtes extérieures et aux coins du toit plat ou sur les murs acrotères ;
- les dimensions du réseau maillé (*pas* du maillage) ne dépassent pas les valeurs indiquées dans le tableau de la *figure 54*, pour la classe de protection retenue ;
- le réseau servant de dispositif de capture est construit de telle façon que le courant de foudre puisse s'écouler via au moins deux chemins métalliques distincts jusqu'à la terre ;
- s'il y a des protubérances sur le toit, celles-ci doivent être connectées électriquement au réseau de capture et au réseau de mise à la terre ;
- les conducteurs du dispositif de capture doivent suivre le chemin le plus court et cheminer selon la trajectoire la plus directe possible.

Figure 57 | Exemple de toit protégé par la méthode des mailles.

Voici un exemple de toit avec réseau maillé (*cf. figure 57*).

EMPLACEMENT DU DISPOSITIF DE CAPTURE SELON LA MÉTHODE DE L'ANGLE DE PROTECTION

Suite aux théories de Benjamin Franklin, il fut admis qu'une pointe avait un pouvoir d'attraction dans un volume réduit, appelé *zone de protection* ou *cône de protection* de la tige de paratonnerre. Ce volume a la forme d'un cône circulaire droit dont le sommet est situé sur son axe (*cf. figure 58*) avec un demi-angle au sommet α, valant, par exemple, 30°, 45° ou 60°.

Ce modèle empirique simpliste fut vite dénié par l'expérimence sur des structures élevées, notamment sur les pylônes des lignes à haute tension (*cf. chapitre précédent*). Seule la méthode de la sphère fictive peut expliquer les divers impacts.

Néanmoins, pour des structures basses, il est possible d'adapter la méthode de l'angle de protection pour la rendre équivalente à la méthode de la sphère fictive.

Sur les figures suivantes, nous montrons quelques applications.

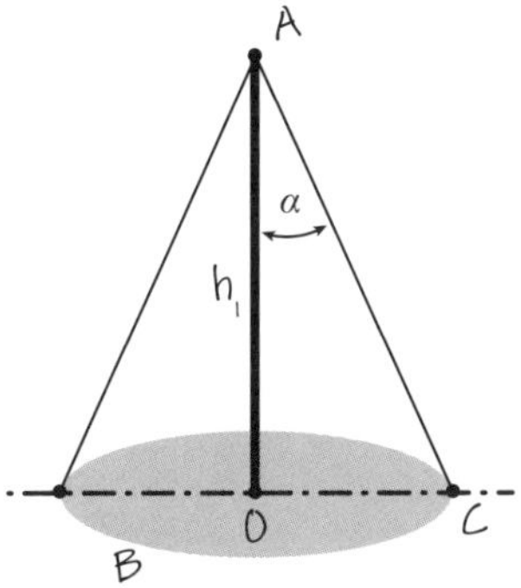

A pointe d'une tige de capture
B plan de référence
OC rayon de la surface protégée
h_1 hauteur de la tige de capture au-dessus du plan de référence de la surface à protéger
α angle de protection (*cf. figure 54*)

Figure 58 |Volume protégé par une tige de capture verticale (norme IEC EN 62305, 2010).

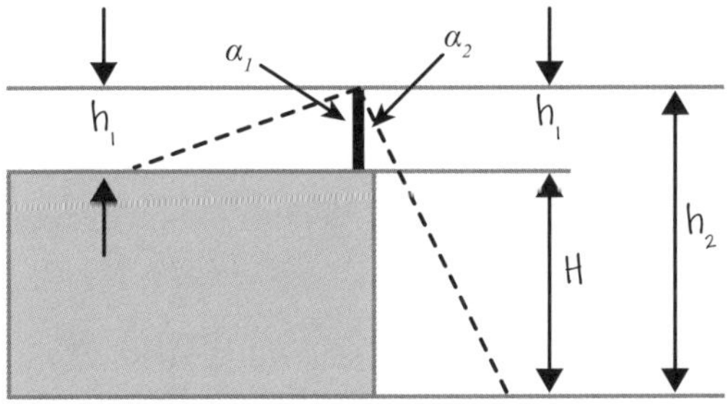

h_1 hauteur physique de la tige de capture
NOTE : L'angle de protection α_1 correspond à la hauteur h_1 du dispositif de capture, cette hauteur étant prise au-dessus de la surface du toit à protéger ; l'angle de protection α_2 correspond à la hauteur $h_2 = h_1 + H$, le sol étant le plan de référence ; α_1 et α_2 est lié à h_2.

Figure 59 | Volume protégé par une tige de capture verticale placée sur une structure.

CONSTRUCTION DU DISPOSITIF DE CAPTURE

Les systèmes non isolés peuvent être installés sur la surface du toit quand celui-ci est construit en matériaux non combustibles. Autrement, il faut être vigilant et maintenir des *distances de séparation* suffisantes (au moins 10 cm). Pour des toits de chaume, une distance minimale de 15 cm est nécessaire.

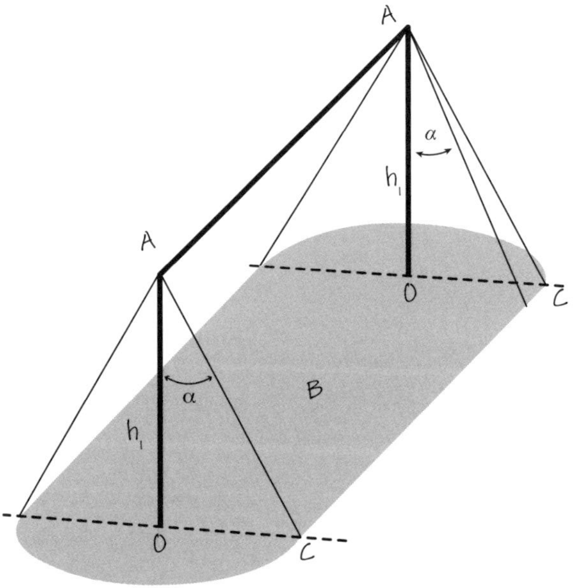

Figure 60 |Volume protégé par un fil tendu à l'horizontale (norme IEC EN 62305, 2010) *(mêmes légendes qu'à la figure 59).*

Les parties aisément inflammables de la structure à protéger ne sont jamais en contact direct avec les composants du système de protection et ne sont jamais placées sous des membranes métalliques de toiture susceptibles d'être frappées par la foudre. Sur les toits plats, les conducteurs de capture doivent être installés au-dessus du niveau d'inondation possible.

Les composants naturels de toiture doivent répondre à certaines exigences :

- la continuité électrique entre les différentes parties doit être réalisée de façon durable (par exemple, par brasage, soudage, sertissage, vissage ou boulonnage particuliers) ;
- l'épaisseur des tôles métalliques ne peut pas être inférieure à la valeur t' figurant dans le tableau de la *figure 61*, si la prévention de toute perforation des tôles ou la prise en compte de l'inflammation de tous matériaux combustibles placés en dessous ne constitue pas un facteur préoccupant ;
- l'épaisseur des tôles métalliques ne peut pas être inférieure à la valeur t figurant dans le tableau de la *figure 61*, si des mesures de prévention contre les perforations ou la prise en considération des problèmes de points chauds se révèlent nécessaires.

Classe de SPF	Matériau	Épaisseur[a] *t* mm	Épaisseur[b] *t'* mm
I à IV	Plomb	–	2,0
	Acier (inoxydable, galvanisé)	4	0,5
	Titane	4	0,5
	Cuivre	5	0,5
	Aluminium	7	0,65
	Zinc	–	0,7

[a] t prévient toute perforation.
[b] t' uniquement pour les tôles métalliques s'il n'est pas important de prévenir les problèmes de perforation, de points chauds ou d'inflamation.

Figure 61 | Épaisseur minimale des tôles ou canalisations métalliques des dispositifs de capture (norme IEC EN 62305, 2010).

Les autres composants naturels pouvant servir de dispositif de capture sont :

- les composants métalliques de toiture (fermes, armatures d'acier interconnectées, etc.) recouverts de matériaux non métalliques à condition que tout dommage à ces dernières soit acceptable ;
- les parties métalliques telles que décorations, gouttières, canalisations, rambardes... dont la section n'est pas inférieure à celle qui est spécifiée pour les composants normaux des dispositifs de capture ;
- les canalisations et réservoirs métalliques sur la toiture (attention : respecter l'épaisseur et la section minimales de leur matériau de construction (norme IEC EN 62305, 2010 ; partie -3) ;
- les canalisations et réservoirs métalliques de mélanges facilement combustibles ou explosifs, à condition qu'ils soient réalisés en un matériau d'épaisseur non inférieure à la valeur appropriée de t de la *figure 61* et que l'élévation de température de la surface intérieure au point d'impact ne constitue pas un danger.

Si les conditions d'épaisseur ne sont pas satisfaites, les canalisations et réservoirs doivent être intégrés dans la structure à protéger.

Les canalisations écoulant des mélanges facilement combustibles ou explosifs ne doivent pas être considérées comme un composant naturel des dispositifs de capture si le joint des brides n'est pas métallique ou si les brides ne sont pas connectées entre elles de façon appropriée.

Notons qu'une légère couche de peinture protectrice ou environ 1 mm d'asphalte ou encore 0,5 mm de PVC ne sont pas considérés comme une isolation !

CONDUCTEURS DE DESCENTE

Le système de descentes est la deuxième partie du système de protection extérieur qui a pour but de conduire, en circuits parallèles, le courant de foudre vers la terre.

Emplacements des descentes sur la structure

Le choix du nombre et de l'emplacement des conducteurs de descente se fait en considérant que plusieurs conducteurs parallèles, répartis le long du périmètre en configuration symétrique, permettent non seulement de diminuer l'amplitude du courant mais réduit aussi les effets électromagnétiques à l'intérieur de la structure à protéger. Le partage du courant est amélioré en augmentant le nombre de descentes et le nombre de ceintures équipotentielles.

Les descentes doivent être placées aussi loin que possible des circuits internes et des parties métalliques de façon à éviter l'équipotentalisation avec le système de protection. Grâce aux ceintures équipotentielles, généralement horizontales, la probabilité d'étincelage est réduite et la protection des réseaux de puissance et de communication internes facilitée (norme IEC EN 62305, 2010 ; partie -4).

Les descentes sont réparties sur le périmètre de la structure à protéger de manière à ce que leur espacement moyen ne dépasse pas respectivement 10 m, 10 m, 15 m ou 20 m suivant les classes de protection I, II, III ou IV. Dans tous les cas, un minimum de deux descentes est requis (*cf. tableau de la figure 62*).

La connexion latérale des descentes est réalisée non seulement au sommet et au niveau du sol, mais aussi tous les 10 à 20 m le long de la hauteur. Une tolérance d'environ 20 % est généralement acceptée.

Classe de SPF	Distances typiques (m)
I	10
II	10
III	15
IV	20

Figure 62 | Valeurs typiques recommandées de l'espacement des conducteurs de descente selon la classe de protection (norme IEC EN 62305, 2010).

Dans les bâtiments dépassant 20 m de hauteur, pour des raisons de distances de séparation, on a parfois intérêt à ce que les descentes sont interconnectées à l'aide de canalisations horizontales équipotentielles (boucles de ceinturage).

Pour réduire, autant que possible, les effets d'inductance, les conducteurs de descente doivent être aussi courts que possible et ne pas former de boucles.

Dans un système **isolé**, si le dispositif de capture consiste en tiges sur des mâts séparés non métalliques, au moins une descente est à prévoir sur chaque mât ; si le dispositif de capture consiste en des fils tendus, au moins une descente est à prévoir sur chaque structure portante ; si le dispositif de capture consiste en un réseau de conducteurs, au moins une descente est à prévoir à chaque extrémité des fils tendus.

Dans un système **non isolé**, le nombre de descentes est au moins égal à 2 et les descentes sont distribuées le long du périmètre de la structure à protéger.

Construction du système de descentes

Si possible, une descente est installée à chaque coin exposé de la structure à protéger. Toutes les descentes, droites et verticales, sont installées en continuité avec les tiges ou conducteurs du dispositif de capture, pour assurer le chemin le plus court vers la terre. Les boucles doivent être évitées ; si ce n'est pas possible, il faut prévoir une distance de séparation *s*, mesurée entre deux points du conducteur (*cf. figure 63*) avec une longueur *l* suffisante.

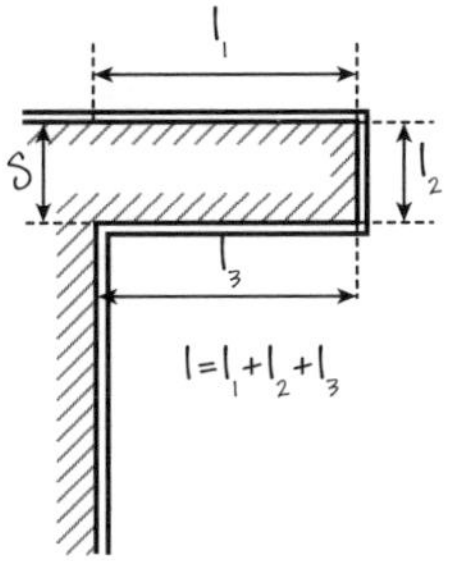

Figure 63 | *Distance de séparations* dans une boucle de descente (norme IEC EN 62305, 2010 ; partie -3).

En effet, les distances entre descentes et installations métalliques intérieures doivent être séparées au minimum par une distance s (m) égale à

$$s = k_i \frac{k_c}{k_m} l$$

dans laquelle (*cf. figure 64*) :

- k_i est le coefficient de classe, dépendant de la classe de SPF ;
- k_c est le coefficient de partition, dépendant du nombre descentes ;
- k_m est le coefficient lié au matériau de séparation, dépendant du matériau servant d'isolation ;
- l (m) est la hauteur mesurée le long de la descente entre le point où la distance de séparation s est considérée jusqu'au point de liaison équipotentielle le plus proche.

Classe de SPF	k_i
I	0,08
II	0,06
III, IV	0,04

Tableau 1 : coefficient lié au niveau de protection k_i.

Nombre n de descentes	k_c
1 (uniquement en protection isolée)	1
2	0,66
3 et plus	0,44

Tableau 2 : coefficient de répartition k_c.

Matériau	k_m
Air	1
béton, briques, bois	0,5

La valeur la plus faible est à utiliser quand plusieurs matériaux sont en série.
Pour le PVC, utiliser un coefficient égal à 0,7.
Tableau 3 : coefficient lié au matériau k_m.

Figure 64 |Tableaux des coefficients de séparation suggérés dans IEC 62305-3 (norme IEC EN 62305, 2010 ; partie -3).

Dans des structures avec armatures métalliques respectant la continuité électrique, une distance de séparation n'est pas nécessaire.

Pour les lignes et parties conductrices connectées à la structure, il est nécessaire d'assurer une liaison équipotentielle, soit par connexion directe, soit en utilisant des parafoudres au point d'entrée dans la structure.

L'humidité des gouttières étant très corrosive, les descentes n'y seront pas installées même si elles sont recouvertes de matériau isolant.

Les descentes non isolées peuvent être installées sur la surface du mur si ce dernier n'est pas en matériau combustible. Dans le cas contraire, les descentes ne peuvent être installées sur la surface du mur que si leur élévation de température au passage du courant de foudre n'est pas dangereuse pour le matériau du mur ; si cette élévation de température est dangereuse, les descentes seront placées à au moins 10 cm du mur. Si cette distance ne peut pas être respectée, la section des descentes sera portée à 100 mm^2.

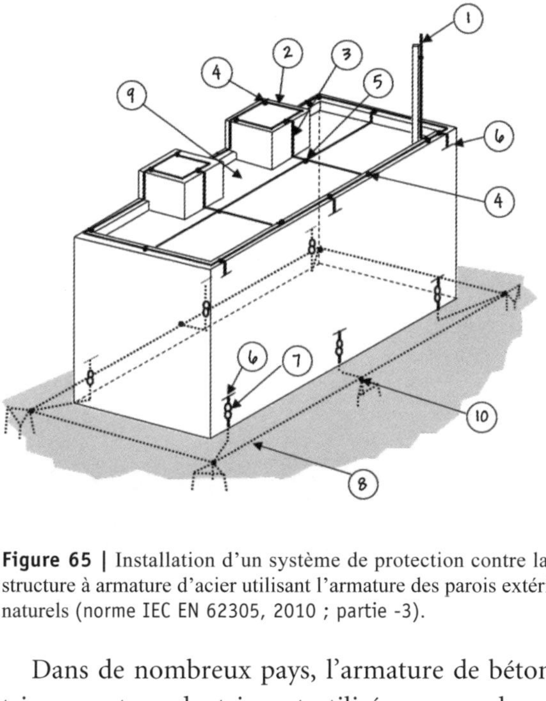

1 tige de capture
2 conducteur de capture horizontal
3 conducteur de descente
4 borne T
5 borne de croisement
6 connexion aux tiges de renfort en acier
7 borne d'essai
8 disposition de terre de type B, prise de terre en boucle
9 toiture en terrasse avec fixations
10 borne T - résistante à la corrosion

Figure 65 | Installation d'un système de protection contre la foudre extérieur sur une structure à armature d'acier utilisant l'armature des parois extérieures comme composants naturels (norme IEC EN 62305, 2010 ; partie -3).

Dans de nombreux pays, l'armature de béton armé rendue électriquement conductrice est utilisée comme descentes (*cf. figure 65*).

L'armature en acier des structures en béton armé peut être considérée comme électriquement conductrice et server de descentes si la résistance électrique entre la partie supérieure et le niveau du sol est inférieure à 0,2 Ω (ohm). Si cette condition n'est pas réalisée, des descentes extérieures doivent être prévues (pour les détails de construction, *cf.* norme IEC EN 62305, 2010 ; partie -3)

Dans le cas des structures avec risques d'explosion, voir les informations complémentaires à l'Annexe D de la norme IEC EN 62305-3 (norme IEC EN 62305, 2010).

UN BÂTIMENT OU UNE STRUCTURE NON MÉTALLIQUES ATTIRENT-ILS LA FOUDRE ?

Non, un bâtiment (en briques ou en pierres) ou une structure non métallique, non pourvus d'une installation (métallique) de protection contre la foudre, n'attirent pas celle-ci, mais ils peuvent être foudroyés ! Attention aux parties métalliques intérieures ou extérieures qui ne seraient pas mises à la terre !

Sur trois structures classiques, nous illustrons la façon d'assurer une protection idéale, de l'installation de capteurs en toiture jusqu'à la mise à la terre (avec canalisation de liaison reliant électriquement les électrodes de terre), en passant par les descentes : une villa *(cf. figure 66)*, un building *(cf. figure 67)* et une petite usine *(cf. figure 68)*.

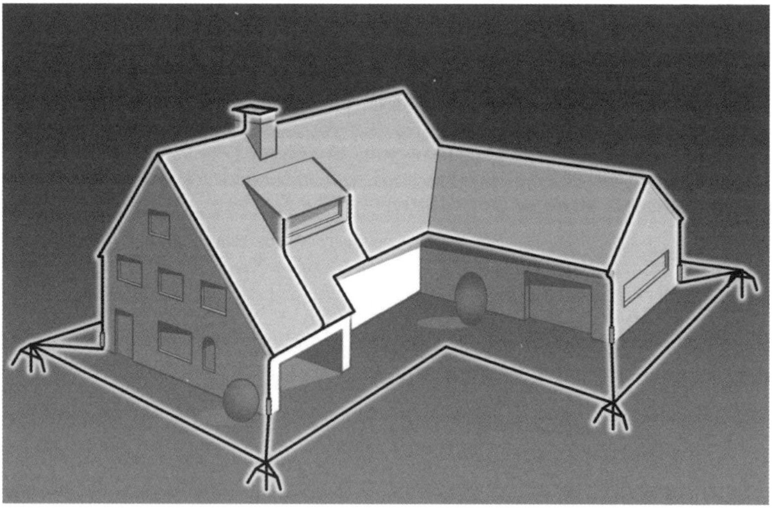

Figure 66 | Protection idéale d'une villa contre la foudre.

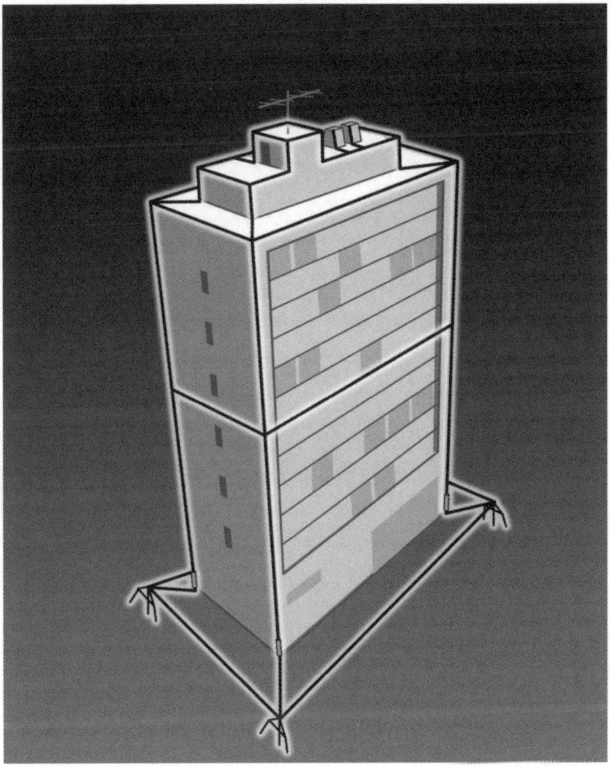

Figure 67 | Protection idéale d'un building contre la foudre (la ceinture équipotentielle horizontale n'est requise que pour des raisons de distances de séparation).

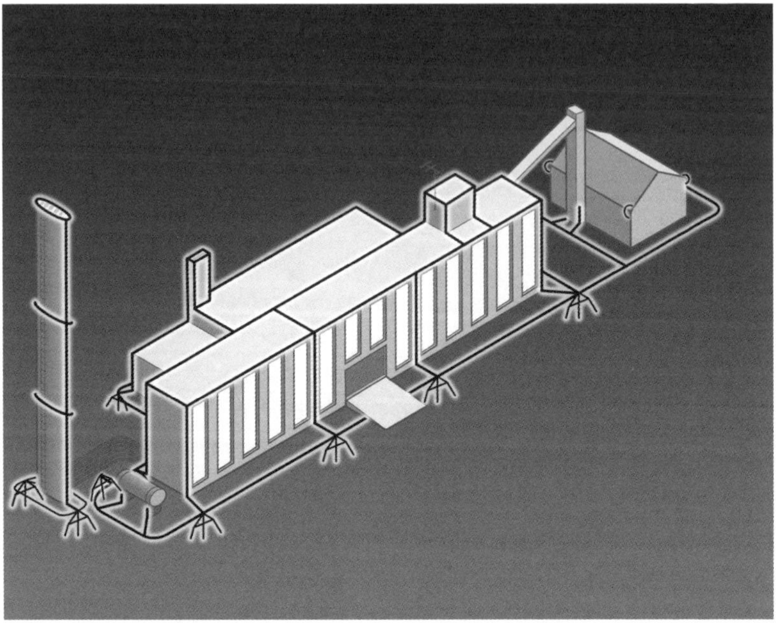

Figure 68 | Protection idéale d'une petite usine contre la foudre.

RÉSEAU DE MISE À LA TERRE

Au niveau du sol ou à faible profondeur dans le sol, une boucle de liaison reliant les électrodes de terre est toujours un élément favorable à la protection.

La forme et les dimensions des prises de terre importent davantage qu'une valeur minimum minimorum de résistance électrique à respecter (toutefois, quand cela se révèle possible, on essaie de rester en dessous de 10 ohms !). Comme B. Jacquet et l'auteur l'ont montré (Bouquegneau et Jacquet, 1983), les électrodes peu profondes (verticales ou inclinées) reliées en boucle (prise de terre en boucle ou prise de terre à fond de fouille) sont avantageusement utilisées *(cf. figures 66 à 68)*.

Le réseau de mise à la terre est la troisième partie (non la moindre !) du SPF extérieur. Il sert à disperser au mieux le courant de foudre dans la terre.

LA MISE À LA TERRE D'UNE INSTALLATION DE PROTECTION CONTRE LA FOUDRE DOIT-ELLE ÊTRE INDÉPENDANTE DES AUTRES PRISES DE TERRE ?

Non, toutes les terres et masses voisines doivent être au même potentiel afin d'éviter des amorçages intempestifs au niveau du sol et dans les structures à protéger.

Principes généraux

Pour traiter le problème de la dispersion du courant dans le sol, tout en minimisant les surtensions dangereuses, le comportement transitoire des prises de terre sous des amplitudes élevées de courants de foudre a été étudié par de nombreux auteurs, à la fois théoriquementet expérimentalement, dans les domaines à la fois fréquentiels et temporels.

Voici quelques phénomènes typiques caractérisant les électrodes de terre sous des sollicitations transitoires :

- les courants de foudre des deux polarités se propagent dans le sol à des fréquences de l'ordre de 10^5-10^6 Hz ;
- les effets inductifs influencent fortement l'impédance d'onde de terre : la raideur du courant de foudre conduit à des chutes de tension inductives accrues par rapport aux chutes de tension purement résistives ;
- d'importantes amplitudes de courant associées à de très faibles durées conduisent à de fortes densités de courant près des électrodes de terre, si bien que des gradients de tension critiques peuvent être dépassés et des décharges dans le sol apparaissent.

Dispositions des prises de terre

Pour la protection des structures simples, un réseau de terre intégré commun (protection contre la foudre, réseaux de puissance et de communication) est toujours préférable.

Les problèmes de corrosion des matériaux de prises de terre doivent être étudiés avec soin (*cf.* sélection des matériaux, norme IEC EN 62305, 2010 ; partie -3).

D'après la norme IEC EN 62305-3 (norme IEC EN 62305, 2010 ; partie -3), deux types fondamentaux de dispositions de prises de terre peuvent être envisagés :

- disposition de type A, comprenant des électrodes isolées soit horizontales, soit verticales (ou inclinées) en dehors de la structure à protéger, connectées à chaque descente, avec un minimum de deux prises de terre ;
- disposition de type B, comprenant soit un conducteur de ceinturage (boucle de liaison) extérieur à la structure à protéger, en contact avec le sol sur au moins 80 % de sa longueur totale, soit une boucle à fond de fouille.

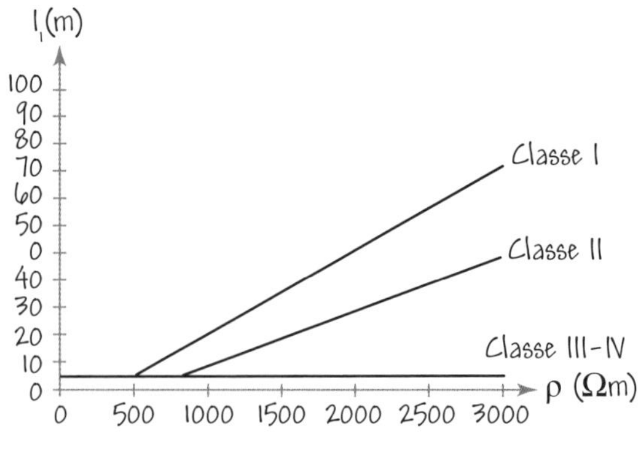

Figure 69 | longueur minimale l_1 de chaque électrode de terre selon la classe de SPF en fonction de la résistivité ρ du sol (norme IEC EN 62305, 2010).

Dans la disposition de type A, la longueur minimale d'une électrode de terre à la base d'une descente vaut l_1 pour des électrodes horizontales ou 0,5 l_1 pour des électrodes verticales (ou inclinées), l_1 étant la longueur minimale décrite à la *figure 69*. Pour une combinaison d'électrodes horizontales, verticales (ou inclinées), la longueur totale sera prise en considération.

Ce type A de disposition convient pour les structures basses (maisons unifamiliales, par exemple). Nous ne recommandons jamais l'utilisation de plaques de terre à cause de la corrosion évidente qui s'établit au point de soudure de la descente avec cette plaque dans le sol.

Dans la disposition de type B, le conducteur de ceinturage ou la boucle à fond de fouille devraient avoir un rayon moyen r_e de la surface incluse tel que :

$$r_e \geq l_1$$

où l_1 est donné à la *figure 69*, en fonction des différentes classes de protection et selon les valeurs des paramètres des courants de foudre sélectionnés.

Lorsque la valeur de l_1 est plus grande que r_e, des conducteurs horizontaux ou verticaux (ou inclinés) sont ajoutés avec des longueurs individuelles l_r (horizontale) et l_v (verticale) selon :

$$l_r = l_1 - r_e \qquad \text{et} \qquad l_v = 0{,}5\ (l_1 - r_e).$$

Le nombre d'électrodes additionnelles connectées à la boucle de liaison est au moins égal à 2 et en nombre équivalent au nombre de descentes, à espacements identiques. L'auteur a mis au point des prises de terre originales, diminuant l'impédance d'onde de terre, répondant à la disposition de type B (Bouquegneau et Jacquet, 1983).

Le conducteur de ceinturage doit être enterré à une profondeur minimale de 0,5 m et à une distance d'au moins 1 m des murs extérieurs. Les électrodes verticales (ou inclinées) sont enterrées à au moins 0,5 m pour leur extrémité supérieure et réparties aussi uniformément que possible.

Les dispositions de type B sont préférables dans de nombreux cas : réseaux de capture maillés, sols rocheux, structures avec risque d'explosion, structures avec réseaux internes de puissance et de communication sensibles.

Pour les matériaux d'électrodes de terre à utiliser, nous renvoyens à la référence (norme IEC EN 62305, 2010 ; partie -3).

L'auteur a étudié avec soin de nombreux exemples de dispositions de mise à la terre pour des structures simples. Un logiciel, élaboré par C. Bouquegneau et P. Lecomte et intitulé « **Mises à la terre de systèmes classiques de protection contre la foudre** » est disponible à l'Université de Mons, sous certaines conditions (prière de s'adresser à christian.bouquegneau@umons.ac.be). Ce logiciel permet le calcul de différents types de prises de terre pour des structures communes : électrodes verticales, électrodes horizontales (symétriques et non symétriques), boucles de liaison de formes circulaire, rectangulaire, trapézoïdale....

TENSION DE CONTACT ET TENSION DE PAS

Tension de contact (ou de toucher)

La proximité des descentes peut être dangereuse (*cf. figure 70*). Le danger est réduit à un niveau tolérable si l'une des conditions suivantes est satisfaite :

- dans les conditions normales de fonctionnement, personne ne se trouve à moins de 3 m des conducteurs de descente ;
- un réseau d'au moins 10 conducteurs de descente est prévu ;
- la résistance de contact superficielle du sol, jusqu'à 3 m du conducteur de descente, n'est pas inférieure à 100 kΩ (kiloohms ; exemple : une couche d'asphalte de 5 cm d'épaisseur ou une couche de gravier de 15 cm d'épaisseur).

Si aucune de ces conditions n'est remplie, des mesures de protection doivent être prises contre les blessures d'êtres vivants de la manière suivante :

– isolation du conducteur de descente exposé assurée pour une tension de tenue au choc de 100 kV (onde de tension normalisée : 1,2/50 μs), par exemple, par un gainage en polyéthylène réticulé d'au moins 3 mm d'épaisseur ;
– imposer des restrictions physiques et/ou des pancartes d'avertissment, afin de minimiser la probabilité de contact avec les descentes.

Figure 70 | Tension de contact (ou de toucher).

Tension de pas

Les décharges de foudre peuvent provoquer des montées importantes du potentiel de terre et tuer des personnes ou des animaux dans le voisinage du point d'impact au sol, par potentiels déphasés, d'où la notion de tension de pas qu'il faut réduire (*cf. figure 71*).

En effet, sur un terrain homogène, la tension de pas est définie par

$$U = I \frac{\rho}{2\pi} \frac{s}{d\,(d + s)}$$

où I désigne l'amplitude du courant de foudre, ρ la résistivité du sol, s la longueur du pas et d la distance entre le point d'impact et le pied le plus proche. Chez les êtres humains, cette différence de potentiel provoque l'écoulement d'un courant entre les deux jambes et la partie inférieure du tronc.

En vue de réduire cette différence de potentiel, l'électrode de terre doit être enfouie le plus profondément possible (> 0,6 m).

Près d'une descente, les mesures de protection à prendre sont les mêmes que pour les tensions de contact, on y ajoute un réseau de terre maillé davantage.

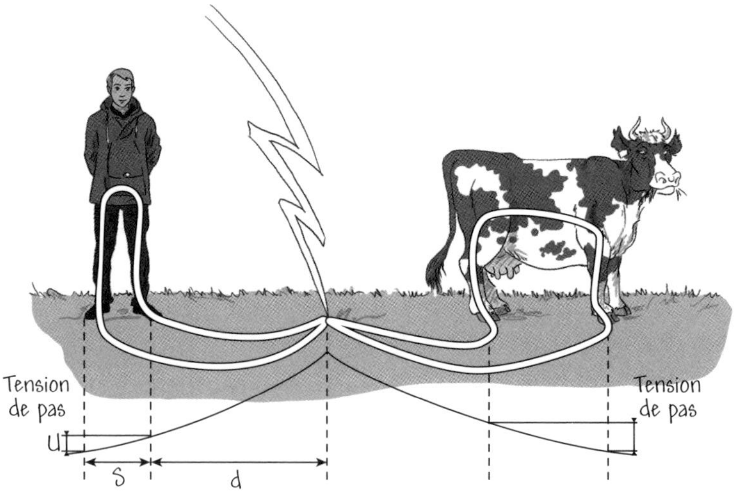

Figure 71 | Tension de pas.

BIBLIOGRAPHIE

Comité Électrotechnique International, norme IEC EN 62305 (édition 2 : 2010), *Protection contre la Foudre*, divisée en quatre parties :
- 62305-1 : Principes généraux ;
- 62305-2 : Évaluation du risque de foudroiement ;
- 62305-3 : Dommages physiques sur les structures et risques humains ;
- 62305-4 : Systèmes électriques et électroniques à l'intérieur des structures.

Bouquegneau C., *Protection contre la foudre*, ANPI 136, Louvain-la-Neuve, Belgique, 2001.

Bouquegneau C., Jacquet B., *How to improve the lightning protection by reducing the ground impedances*, 17th ICLP, La Haye, Pays-Bas, 1983.

10

Installation Intérieure de Protection contre la Foudre

INTRODUCTION

En général, une protection externe (*cf. chapitre précédent*) ne suffit pas ! Ou, parfois, elle n'est pas nécessaire alors qu'une Installation Interne de Protection contre la foudre (**IIPF**) se révèle indispensable.

En effet, il faut soigner non seulement la protection des services entrant dans les bâtiments, en particulier les lignes de puissance et les lignes de communication, mais aussi la protection contre les *Impulsions ÉlectroMagnétiques générées par la Foudre* (**IEMF**).

Nous entrons dans le domaine des *parafoudres* et des *écrans magnétiques* où des progrès substantiels ont été réalisés récemment, suite à une connaissance mieux cernée des caractéristiques des courants de foudre.

Les systèmes électroniques (informatiques, télécommunications, de commande et de régulation...) se répandent de plus en plus et sont soumis à des surtensions transitoires par différents types de couplage. La norme internationale IEC EN 62305 (norme IEC EN 62305, 2010 ;

partie -4) citée fournit des informations sur la conception, la réalisation, la vérification, l'entretien et les essais d'installations efficaces de protection des systèmes électroniques situés sur les structures et en leur intérieur. Elle donne aussi des indications de nature à permettre la coopération entre le concepteur du système et le concepteur de l'installation de protection contre les IEMF afin d'assurer l'efficacité optimale de cette protection.

L'impact de la foudre sur un bâtiment peut provoquer des destructions ou des perturbations importantes dans les installations électroniques et électriques locales en raison

- du champ magnétique transitoire intense et des tensions induites dans les circuits ;
- du couplage résistif avec montée en potentiel de la prise de terre (et des différences de potentiel entre terres voisines) ;
- du couplage par le champ électrique dans la zone d'impact.

Les conducteurs et les câbles sortant du bâtiment reportent à distance la montée en potentiel locale du sol et sollicitent des installations qui en sont éloignées. Ces mêmes câbles ramènent fréquemment des perturbations induites sur leur trajet. Leur amplitude est plus faible mais elles sont capables de provoquer des dégâts importants principalement aux installations sensibles, tels les systèmes informatiques.

Pour les installations de mise à la terre, on applique certaines règles élémentaires. Toutes les terres des structures voisines entre lesquelles passent des câbles doivent être interconnectées. Une installation de mise à la terre maillée est préférable car elle réduit les courants dans les câbles vu le grand nombre de chemins parallèles offerts au passage du courant. Dans la mesure du possible, les prises de terre de l'installation extérieure de protection contre la foudre et de l'installation électrique sont reliées à l'extérieur du bâtiment. Chaque descente est reliée à la ceinture en fond de fouille, sinon une canalisation de liaison s'impose. Il convient d'enfermer les câbles dans des conduits métalliques ou des conduits en béton armé en forme de grille qui doivent être intégrés à l'installation de mise à la terre maillée.

En vue de réduire les interférences électromagnétiques, les écrans magnétiques ou *blindages* doivent être soignés et tous les éléments métalliques de dimensions importantes doivent être reliés ensemble ainsi qu'à l'installation de protection contre la foudre. Un bon blindage des équipements réduit considérablement le champ magnétique à l'intérieur de l'équipement, dans les gammes de fréquences de 10 kHz (kilohertz) à 10 MHz (mégahertz). Lorsque des câbles blindés sont utilisés à l'intérieur du volume à protéger, leurs blindages doivent être reliés au moins à leurs deux extrémités ainsi qu'au niveau des différentes limites entre les zones de protection contre la foudre. Les câbles passant d'une structure à une autre doivent être placés dans des conduits métalliques tels que des tubes, des grilles, des armatures du béton en forme de grille, conducteurs de bout en bout et reliés aux barres d'équipotentialité des structures séparées. Les blindages des câbles doivent être reliés à ces barres. Les conduits métalliques sont inutiles si les blindages des câbles peuvent transporter sans dommages les courants de foudre prévisibles.

Afin de définir des volumes de différentes sévérités contre l'IEMF et de désigner des emplacements pour les points de connexions au niveau des limites de ces zones, la norme internationale IEC EN 62305 (norme IEC EN 62305, 2010) définit différentes zones de protection contre la foudre (ZPF), caractérisées par des changements importants des conditions électromagnétiques à leurs limites.

SYSTÈMES DE PROTECTION CONTRE LES IEMF

Les réseaux de puissance et de communication sont mis en danger par l'**impulsion électromagnétique de foudre** (**IEMF**). Par conséquent, des **MPF, moyens de protéger les réseaux de puissance et de communication contre la foudre** (mesures de protection contre les IEMF), s'imposent pour éviter toute défaillance des réseaux internes.

Les équipements électroniques sont particulièrement sensibles aux perturbations électromagnétiques. Des sollicitations transitoires de faible énergie pénétrant à l'intérieur d'un équipement peuvent provoquer une détérioration des composants ainsi qu'un vieillissement prématuré de l'équipement. Ces perturbations pénètrent dans l'équipement par différentes voies : circuits d'entrée, circuits de sortie, circuits d'alimentation, rayonnement direct, liaisons de masse.

Les défaillances permanentes des réseaux de puissance et de communication peuvent être dues à l'impulsion électromagnétique de foudre (IEMF) par les chocs conduits et induits transmis aux matériels par les câblages de connexion ou par les effets des champs électromagnétiques rayonnés directement dans les matériels. Les défaillances dues à des champs électromagnétiques directs sur les matériels peuvent être considérées comme négligeables si les matériels sont conformes aux essais d'émission et d'immunité RF définis dans les normes de produits CEM (Compatibilité électromagnétique) correspondantes (*cf. ci-après*).

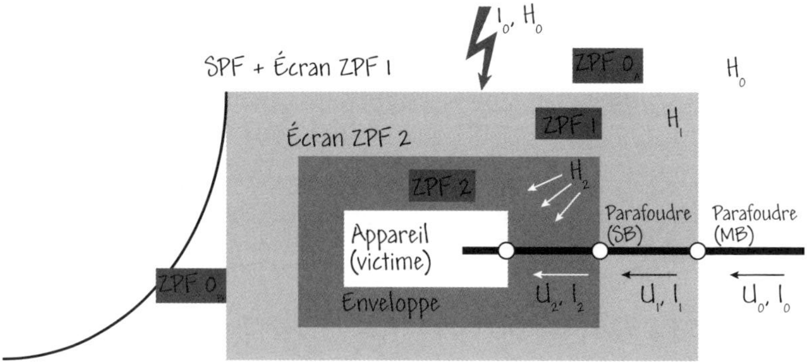

H : champ magnétique
SPD (MB) : parafoudre (SPD) dans le tableau principal
SPD (SB) : parafoudre (SPD) dans le tableau divisionnaire

Figure 72 | Exemple de ZPF.

La protection contre les IEMF est fondée sur le concept de **zones de protection contre la foudre** (**ZPF**). La structure à protéger, comportant des réseaux de puissance et de communication, doit être divisée en ZPF. Ces zones sont théoriquement des volumes spécifiés ou les volumes d'un réseau interne, de sévérité IEMF compatible avec le niveau d'immunité des réseaux internes qu'ils contiennent. Les zones successives sont caractérisées par des modifications significatives de la sévérité IEMF. Les frontières d'une ZPF sont définies par les mesures de protection utilisées.

Les zones de protection contre la foudre ZPF suivantes sont définies en fonction de la menace de foudre (*cf. figure 72* ; note technique T 023, 2015) :

Zones extérieures :

ZPF 0 : zone exposée au champ électromagnétique de foudre non amorti et où les réseaux internes peuvent être mis en danger par des chocs sous le courant de foudre plein ou partiel ;

cette zone ZPF 0 se subdivise en

ZPF 0_A : zone exposée aux coups de foudre directs et au champ électromagnétique total rayonné ; les réseaux internes peuvent être mis en danger par des chocs de courant de foudre plein (entier)

et

ZPF 0_B : zone protégée contre les coups de foudre directs mais où le risque vient du champ électromagnétique total ; les réseaux internes peuvent être mis en danger par des chocs de courant de foudre partiel.

Zones intérieures :

ZPF 1 : zone où le courant de choc est limité par les interfaces de partage et d'isolement du courant et/ou par des parafoudres disposés aux frontières ; un écran spatial peut atténuer le champ électromagnétique de foudre ;

ZPF 2…n : zones successives où le courant de choc peut être de plus en plus limité par les interfaces de partage et d'isolement du courant et/ou par la mise en œuvre de parafoudres supplémentaires disposés aux frontières ; un écran spatial additionnel peut être utilisé pour atténuer le champ électromagnétique de foudre ; plus la ZPF est de rang élevé, plus les paramètres d'environnement électromagnétique sont faibles.

MESURES DE PROTECTION CONTRE LES IEMF (MPF)

Les mesures de protection (MPF) contre les impulsions électromagnétiques de foudre sont les suivantes.

• **Mise à la terre et équipotentialisation**

La mise à la terre écoule et disperse le courant de foudre à la terre. Le réseau d'équipotentialité minimise les différences de potentiel et peut réduire le champ magnétique. Lorsqu'une ZPF est définie, une équipotentialité des parties métalliques et de tous les services (canalisations métalliques, réseaux de puissance et de communication) doit être réalisée en pénétrant la frontière de la ZPF.

Une mise à la terre et une équipotentialité appropriées se fondent sur un réseau de terre complet (*cf. figure 73*).

Ce réseau de terre doit d'abord répondre aux règles liées à la protection externe. Dans des structures intégrant des réseaux de communication, une disposition de prises de terre de type B est toujours recommandée. Pour les armatures de béton armé dans le sol, formant un maillage interconnecté bien défini, ce dernier doit être connecté au réseau de terre, généralement tous les 5 m.

Le réseau d'équipotentialité doit manifester une impédance la plus faible possible. Il peut être réalisé comme une structure maillée tridimensionnelle avec une taille faible typique de 5 m (*cf. figure 73*). Ceci nécessite de multiples interconnexions des éléments métalliques dans et sur la structure. Les barres d'équipotentialité et les écrans magnétiques de la ZPF doivent être intégrés de la même façon.

Les **barres** d'équipotentialité doivent être installées pour la liaison équipotentielle

- de tous les services conducteurs entrant dans une ZPF (directement ou via un parafoudre) ;
- du conducteur de terre de protection PE ;
- des éléments métalliques des réseaux internes ;
- des écrans magnétiques de la ZPF à la périphérie et à l'intérieur de la structure.

Pour une équipotentialité **efficace**, il faut respecter les règles d'installation suivantes :

- réseau d'équipotentialité de faible impédance ;
- barres d'équipotentialité connectées à la prise de terre par le chemin le plus court ;
- matériaux et dimensions des barres et des conducteurs d'équipotentialité ;
- placement des parafoudres de manière à utiliser les connexions les plus courtes possible avec la barre d'équipotentialité, ainsi qu'avec les conducteurs sous tension, réduisant ainsi au minimum les chutes de tension inductive ;
- du côté protégé du circuit (en aval d'un parafoudre), minimiser les effets d'induction mutuelle, soit en réduisant les boucles d'induction, soit en utilisant des câbles ou des conduits écrantés.

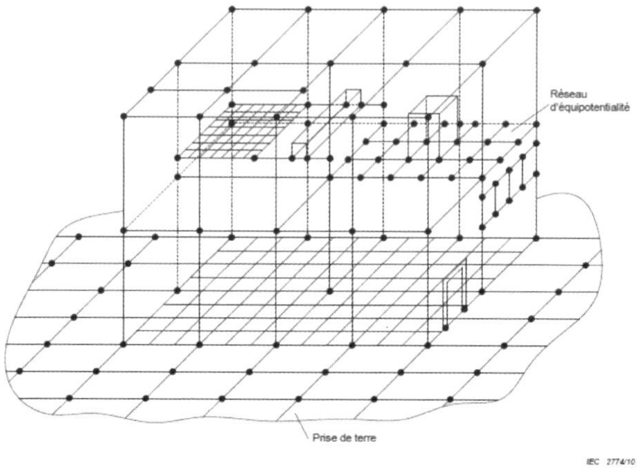

Figure 73 | Exemple de réseau de mise à la terre tridimensionnel constitué du réseau d'équipotentialité interconnecté avec le réseau de prises de terre (norme IEC EN 62305, 2010 ; partie -4).

Qu'en est-il de l'équipotentialité **à la frontière d'une ZPF** ?

Lorsqu'une ZPF est définie, une équipotentialité doit être prévue pour toutes les parties métalliques et tous les services pénétrant la frontière de la ZPF.

L'équipotentialité doit être effectuée à l'aide de barres de même nature, disposées aussi près que possible du point de pénétration à la frontière.

Les parafoudres d'équipotentialité sont toujours exigés au point d'entrée dans une ZPF afin de connecter les lignes entrantes, reliées aux réseaux internes dans la ZPF, à la barre d'équipotentialité. Le nombre de parafoudres requis peut être réduit en utilisant une ZPF interconnectée ou étendue.

Les câbles écrantés ou les conduits métalliques interconnectés, mis à la terre à chaque frontière de la ZPF, peuvent être utilisés pour l'interconnexion de plusieurs ZPF proches de même niveau, ou pour étendre une ZPF à la frontière suivante.

• **Écrans magnétiques et bon cheminement des lignes**

Dans les ZPF, l'écran spatial atténue les champs magnétiques, dus à des impacts directs de foudre sur la structure ou au voisinage de celle-ci, et réduit l'ampleur des chocs internes. L'écran des réseaux internes utilisant des câbles ou des conduits écrantés minimise les chocs induits dans l'installation.

Le cheminement des conducteurs des réseaux internes peut minimiser les boucles d'induction et réduire les chocs internes induits.

Ces deux mesures sont très efficaces pour réduire les défaillances permanentes des réseaux internes.

L'écran des réseaux externes pénétrant dans la structure réduit les chocs extérieurs transmis aux réseaux internes connectés.

Les écrans spatiaux définissent des zones protégées, qui peuvent couvrir l'ensemble de la structure, une de ses parties, un local seul ou l'enveloppe d'un matériel seul. Il peut s'agir d'écrans métalliques en grille ou continus, ou de l'utilisation de composants naturels de la structure elle-même (norme IEC EN 62305, 2010).

Un cheminement approprié des lignes internes minimise les boucles d'induction et réduit la génération de surtensions internes dans la structure. La surface de boucle est minimisée par un cheminement des câbles adjacent aux composants naturels de la structure mis à la terre et/ou par un chemiunement adjacent des réseaux de puissance et de communication.

À la frontière des zones ZPF $0_A/1$, les matériaux et dimensions des écrans magnétiques doivent satisfaire aux exigences de la norme IEC EN 62305-3 (norme IEC EN 62305, 2010 ; partie -3) relatives aux conducteurs de capture et aux descentes. Toutefois, il n'est pas nécessaire que les dimensions des écrans magnétiques non destinés à conduire les courants de foudre y soient conformes :

– à la frontière des ZPF 1/2 ou au-dessus, à condition que la distance de séparation s (*cf. glossaire*) entre les écrans magnétiques et le SPF soit respectée ;

– à la frontière de toute ZPF, si la fréquence annuelle N_d *des impacts sur la structure, définie au début du chapitre 8 (cf. Bases de la protection externe...), est négligeable, c'est-à-dire inférieure à 0,01 an*$^{-1}$.

• Interfaces d'isolement

Les interfaces d'isolement limitent les effets des chocs conduits sur les services pénétrant dans la ZPF.

Les interfaces d'isolement peuvent être utilisées pour réduire les effets des IEMF. La protection de ce type d'interfaces contre des surtensions peut, si nécessaire, être réalisée en utilisant des parafoudres. Le niveau (de tension) de tenue de l'interface d'isolement et le niveau de protection U_P (*cf. glossaire*) contre les surtensions du parafoudre doivent être coordonnés avec les catégories de surtension de la norme IEC 60664-1.

Notons que le domaine d'application de la norme IEC EN 62305-4 (norme IEC EN 62305, 2010 ; partie -4) traite de la protection du matériel dans la structure et non de la protection des structures interconnectées auxquelles le transformateur d'isolement peut apporter certains avantages.

• Parafoudres (SPD) coordonnés

Des parafoudres coordonnés réduisent les effets des chocs externes et internes.

La protection des réseaux internes contre les chocs de foudre nécessite une approche systématique consistant en l'utilisation de parafoudres coordonnés à la fois pour les réseaux de puissance et pour les réseaux de communication.

Dans les MPF utilisant le concept de ZPF avec plus d'une zone intérieure (ZPF 1, ZPF 2 et plus), le(s) parafoudre(s) doi(ven)t être placé(s) au point d'entrée des lignes dans chaque ZPF.

Dans les MPF utilisant seulement une ZPF 1, au moins un parafoudre doit être placé au point d'entrée de la ligne dans la ZPF 1.

Des parafoudres complémentaires peuvent être exigés si la distance entre l'emplacement du parafoudre et le matériel à protéger est trop grande (*cf.* IEC EN 62305, 2010 ; partie -4).

Le choix du niveau approprié de protection en tension du parafoudre dépend de la tension de tenue au choc U_W (*cf. glossaire*) du matériel à protéger, de la longueur reliant les conducteurs de connexion au parafoudre ainsi que de la longueur et du cheminement du circuit entre le parafoudre et le matériel à protéger.

Des parafoudres en cascade doivent être coordonnés en énergie. À cet effet, il convient que le constructeur de parafoudres donne suffisamment d'informations concernant la méthode à appliquer pour réaliser cette coordination énergétique entre ses différents parafoudres.

En résumé

Les équipements susceptibles d'être soumis à des perturbations électromagnétiques importantes doivent être pourvus de protection à tous les niveaux possibles de pénétration afin d'empêcher les perturbations d'atteindre les circuits sensibles.

Ces moyens de protection sont fondés sur les principes suivants :

- éviter tout impact de foudre sur les équipements et empêcher la circulation de courants importants dans les équipements, les installations et les liaisons entre appareils ;
- limiter le niveau des surtensions induites dans la filerie du bâtiment ;
- limiter la montée en potentiel de la prise de terre ainsi que les différences de potentiel entre terres voisines (intérêt de relier toutes les terres au même potentiel !) ;
- empêcher la pénétration dans les équipements de surtensions susceptibles de les détériorer ou de les perturber.

GESTION DES MPF

Le plan de gestion des MPF est décrit dans le tableau de la *figure 74* ; il suit directement l'analyse de risque, effectuée suivant la norme IEC EN 62305-2 (norme IEC EN 62305, 2010 ; partie -2), avantageusement conduite en utilisant le logiciel "Risk Multilingual" (*cf. annexe B*). Suit immédiatement le choix des différentes zones (zonage de la structure) et des ZPF de la structure à protéger.

Dans les nouvelles structures, la conception des MPF doit être réalisée avant la construction du bâtiment.

Dans les structures existantes, le coût des MPF est généralement plus élevé que pour des structures neuves. Toutefois, il est possible de minimiser le coût par un choix approprié des ZPF dans les installations existantes ou après les avoir améliorées.

Une protection appropriée nécessite :

- des dispositions définies par un (ou des) spécialiste(s) en protection contre la foudre, ayant une vaste connaissance de la CEM (Compatibilité électromagnétique) et des règles d'installation, en coopération avec les différents experts en construction du bâtiment ;
- de suivre scrupuleusement le plan de gestion décrit dans le tbleau de la *figure 74*.

Les MPF doivent être maintenues suite à des inspections régulières et des entretiens nécessaires. Après chaque modification importante de la structure, il convient de réévaluer les risques.

Conformément à la classe de protection retenue (norme IEC EN 62305, 2010), les étapes suivantes doivent être adoptées pour les mesures de protection :

- choix d'un réseau de mise à la terre (réseau d'équipotentialité + réseau de prises de terre) ;
- parties métalliques externes et services entrants mis à la terre, soit directement, soit via des parafoudres appropriés ;
- réseau interne intégré au réseau d'équipotentialité ;
- écran spatial associé au cheminement et au blindage ;
- détermination des exigences concernant les parafoudres coordonnés ;

Étape	But	Action à effectuer
Analyse préliminaire du risque[a]	Vérification de la nécessité de protection contre l'IEMF. Si nécessaire, choix des mesures de MPF appropriées par la méthode d'évaluation des risques. Vérification de la réduction du risque après réalisation de chaque mesure de protection successive.	Expert en protection contre la foudre[b] Propriétaire
Analyse finale du risque[a]	Il convient que le rapport coût/bénéfice pour les mesures de protection choisies soit optimisé en utilisant de nouveau la méthode d'évaluation des risques. Comme résultat, sont définis : - le niveau de protection contre la foudre et les paramètres de foudre - les ZPF et leur frontières	Expert en protection contre la foudre[b] Propriétaire
Planification d'une MPF	Définition d'une MPF : - mesures d'écran spatial - réseaux d'équipotentialité - réseaux de prises de terre - écrans des lignes et cheminement - écran des services entrants - protection coordonnée par parafoudres - interface d'isolement	Expert en protection contre la foudre Propriétaire Architecte Concepteurs des réseaux internes Concepteurs des installations considérées
Conception d'une MPF	Schémas généraux et descriptions Préparation des listes de pièces Schémas détaillés et projets d'installation	Bureau d'études ou équivalent
Installation de la MPF y compris le contrôle	Qualité de l'installation Documentation Révision éventuelle des schémas détaillés	Expert en protection contre la foudre Installateur de la MPF Bureau d'études Contrôleur
Approbation de la MPF	Vérification et documentation de l'état du réseau	Expert en protection contre la foudre indépendant Contrôleur
Inspections périodiques	Vérification de la conformité MPF	Expert en protection contre la foudre Contrôleur

[a] Voir la CEI 62305-2.
[b] Ayant une vaste connaissance de la CEM et des règles d'installation.

Figure 74 | Plan de gestion des MPF pour des bâtiments neufs et pour des mofifications importantes dans la construction ou l'utilisation des bâtiments (norme IEC EN 62305, 2010 ; partie -4).

– détermination du caractère approprié des interfaces d'isolement ;
– pour les structures existantes, nécessité d'appliquer des mesures particulières (norme IEC EN 62305, 2010 ; partie -4).

Après cela, le rapport coût/bénéfice pour les mesures de protection choisies doit être réévalué et optimisé en procédant à nouveau à une analyse de risques (*cf. annexe B*).

BIBLIOGRAPHIE

Comité Électrotechnique International, norme IEC EN 62305 (édition 2 : 2010), Protection contre la Foudre, divisée en quatre parties :
- 62305-1 : Principes généraux ;
- 62305-2 : Évaluation du risque de foudroiement ;
- 62305-3 : Dommages physiques sur les structures et risques humains ;
- 62305-4 : Systèmes électriques et électroniques à l'intérieur des structures.

Note technique T 023 du Comité Électrotechnique Belge (CEB), *Guide pour la mise en application des nouvelles recommandations de la norme NBN EN 62305 dans la protection des structures contre la foudre*, rédigée par C. Bouquegneau et al., CEB, 2e édition, Bruxelles, 2015.

11

Conclusions

QUAND FAUT-IL SE PROTÉGER CONTRE LA FOUDRE ?

En 1769, l'église Saint-Nazaire de Brescia (Lombardie, Italie), servant d'entrepôt à une centaine de tonnes de poudre à canon, fut foudroyée ; la poudre explosa, tuant plus de 3 000 personnes et rasant une grande partie de la cité.

De nos jours, il ne viendrait à l'idée de personne de ne pas protéger contre la foudre (classe de protection I avec toutes les mesures additionnelles imaginables) un dépôt d'explosifs ou un bâtiment contenant des matières inflammables. Une double cage de Faraday (la seconde, extérieure à la première, à une distance d'au moins 2 m, par exemple) s'impose dans ce cas.

En général, les risques d'un foudroiement pouvant conduire à de telles situations (une pollution chimique, par exemple) méritent d'être sérieusement analysés.

Une protection s'impose chaque fois qu'il y a *risque* de perte de vie humaine, de perte inacceptable de service au public, de perte de patrimoine culturel irremplaçable ou de perte économique importante due au non-respect de services promis et de manque d'activité subséquente (les quatre types considérés dans la norme internationale IEC EN 62305).

Dans l'*évaluation des risques* (*cf. annexe B*), il y a lieu de tenir compte de la densité des impacts au sol, d'évaluer l'aire d'exposition (surface équivalente de capture, c'est-à-dire, pour des structures de hauteur inférieure à 30 m, la surface réelle au sol à laquelle on ajoute tout autour de celle-ci une bande de largeur égale à trois fois la hauteur) de la structure à protéger, de repérer les structures élevées et les structures isolées ainsi que les bâtiments comprenant des matières dangereuses.

Aujourd'hui, les dommages matériels dont les coûts de réparation sont les plus importants touchent les innombrables équipements électroniques ; ces incidents sont rarement répertoriés, même auprès des compagnies d'assurances.

Ces quelques exemples justifient l'importance d'une protection efficace contre les multiples effets de la foudre.

Les critères de base de la protection comprennent :

- la protection contre les dangers d'incendies et d'explosions ainsi que les pertes de vies humaines au moyen d'une installation de protection contre la foudre externe (dispositif de capture, conduction du courant de foudre vers le sol et dispersion du courant dans la terre) et interne (équipotentialisation et respect des distances minimales de séparation entre objets métalliques pouvant être soumis à des potentiels différents) ;
- la protection contre les impulsions électromagnétiques générées par la foudre (définition de zones de protection avec blindages, liaisons équipotentielles et mises à la terre) ;
- la protection des services entrant dans la structure, notamment les lignes de télécommunications (sélection des tronçons de lignes de caractéristiques adéquates, sélection d'écrans magnétiques convenables, utilisation de parafoudres coordonnés, sélection de câbles à résistibilité accrue en vue de réduire le risque de dommages).

Toute installation de protection contre la foudre doit être entretenue et contrôlée périodiquement par des experts et du personnel qualifié.

Sans effectuer de calcul de risque, on considère généralement qu'une protection contre la foudre ne se justifie pas dans le cas de maisons non isolées, notamment en zone urbaine, si celles-ci ne dépassent pas en hauteur une fois et demie la hauteur moyenne des maisons environnantes. Toutefois, seul un calcul élaboré du risque (*cf. annexe B*) peut justifier une telle prise de position.

ET L'AVENIR ?

Dans la deuxième partie (*cf. chapitres 3 à 5*), nous avons décrit l'état de l'art en matière de phénoménologie de la foudre. En bref, la foudre est une décharge électrique transitoire qui dure, en moyenne, quelques dixièmes de seconde et se propage sur une trajectoire de quelques kilomètres. Généralement, elle a pour origine un cumulo-nimbus chargé électriquement (dipôle électrique, voire tripôle électrique), avec une charge positive supérieure et une charge négative inférieure. Un éclair au sol n'est qu'un parmi quatre types de décharges possibles (nuage-sol, nuage-air, intranuage ou internuage).

QUELQUES PROBABILITÉS DE FOUDROIEMENT

Premier cas : villa isolée de 15 m sur 10 m, de 5 m de hauteur, dans une région où la densité des impacts au sol vaut 1,2 $km^{-2}.an^{-1}$; la surface équivalente de capture pour des structures relativement peu élevées valant 1,6 10^{-3} km^2, la probabilité de foudroiement serait de 0,00192 impact par an, soit un impact tous les 520 ans ! On conclura généralement qu'il est inutile de la protéger contre les effets de la foudre.

Deuxième cas : une personne adulte de taille 1,83 m qui se tiendrait en permanence debout sur le même site, par exemple, aurait une « chance » d'être foudroyée tous les 7 350 ans !

Troisième cas : usine chimique de 200 m sur 50 m, de hauteur $h = 30$ m, dans une région où la densité des impacts au sol serait de 3 $km^{-2}.an^{-1}$; la surface équivalente de capture vaut 0,08 km^2, l'usine serait donc foudroyée une fois tous les 4 ans. Compte tenu de la dangerosité des produits traités, il va sans dire qu'une telle usine doit être protégée contre la foudre et l'évaluation des risques montrerait qu'elle doit l'être au plus haut niveau (classe I, plus des mesures de protection additionnelles) !

Nous avons ouvert quelques horizons sur la foudre supérieure sylphes, elfes, jets bleus…) et sur les autres domaines de recherche, en vue d'avoir une meilleure perception et une meilleure connaissance de ce phénomène naturel fantastique.

Nous conclurons en essayant de répondre à la question qui constitue le titre de ce petit ouvrage : doit-on craindre la foudre ?

Foudre déclenchée et foudre naturelle

Selon que le traceur soit descendant ou ascendant, positif ou négatif, il existe quatre types de décharges au sol. Les coups de foudre ascendants sont généralement issus de structures élevées (tours, cheminées, antennes, buildings, etc.) ou d'objets de hauteur moindre au sommet de montagnes ou de collines.

Au chapitre 5 (paragraphe *Peut-on déclencher la foudre ?*), nous avons vu qu'il était possible de déclencher la foudre artificiellement en lançant verticalement, vers un cumulo-nimbus proche, de petites fusées (fusées paragrêles) qui déroulent un fil métallique attaché au sol (fil relié au potentiel de terre). Même si les amplitudes des courants de foudre enregistrées dans ce cas sont souvent un peu inférieures (de 10 à 15 %) à celles observées dans les coups naturels, ces expériences ont permis, depuis les années mille neuf cent soixante-dix, de déterminer de nombreuses propriétés des courants de foudre.

Toutefois, la foudre naturelle devrait être davantage étudiée, afin d'en mieux cerner les phénomènes physiques d'initiation et de développement. En laboratoire (*cf. figure 75*), par exemple, les plus longues décharges sont plus courtes qu'un bond moyen d'un traceur descendant négatif ; de plus, les décharges initiées n'ont jamais l'énergie suffisante pour rendre exactement compte des paramètres liés aux coups naturels.

Figure 75 | Laboratoire à haute tension de la Faculté polytechnique de l'Université de Mons (à gauche, transformateur en cascade et son diviseur capacitif ; au centre, générateur de chocs de foudre et son diviseur résistif ; à droite, éclateur à sphères pour le calibrage de la tension appliquée).

Les autres techniques de déclenchement, notamment par laser, par faisceaux de micro-ondes, par jets d'eau, par flammes i pulsionnelles, etc., qui ont donné quelques résultats positifs en laboratoire sur des tronçons de longueur métrique, ne semblent pas avoir de chances suffisantes pour se manifester dans la nature sur des distances hectométriques, voire kilométriques.

Recherches en cours

Les connaissances actuelles dans le domaine de la physique de la décharge de foudre et de ses effets sur les êtres vivants ou sur les structures matérielles restent précaires. De nombreuses questions attendent une réponse qui fasse l'unanimité parmi les scientifiques.

Ainsi, les mécanismes de formation et d'électrification des nuages orageux ne sont pas complètement connus. Nous ne possédons pas assez de données expérimentales sur la foudre naturelle (surtout, à plat, au niveau du sol) ni de techniques de discrimination entre les décharges nuage-sol, nuage-air, internuages et intranuages. Nous ne comprenons pas encore toute la physique de la première composante d'une décharge négative, et encore moins celle des composantes suivantes.

Parmi les grandes questions qui attendent une réponse urgente, indépendamment de celles évoquées pour la foudre géante, citons :

- Comment la foudre est-elle initiée dans un cumulo-nimbus ?
- Quels sont les différents processus phénoménologiques de la formation d'un éclair ?
- Comment peut-on déduire les propriétés des processus de l'éclair à partir des mesures de son rayonnement électromagnétique ?
- Quels sont les mécanismes de développement du premier traceur saccadé et des dards suivants ?
- Quels sont les mécanismes d'attachement (d'interception) à partir d'objets de géométries différentes ?
- Selon quel mécanisme se développe l'arc en retour ?

- Quels rôles jouent les rayons X et les rayons gamma émis par la décharge de foudre ?
- Quel mécanisme est responsable de la production de différents gaz dans l'atmosphère suite à l'effet de couronne, par le canal de plasma chaud régnant dans les décharges de foudre ?
- Comment observer la foudre en boule et peut-on en expliquer éventuellement le mécanisme ?
- Comment la foudre est-elle liée aux phénomènes climatiques dans laquelle elle intervient ?

Du pain sur la planche des chercheurs « *fulminologues* » du monde entier, suite à l'extrême variabilité des coups de foudre naturels !

Et pourtant, ce ne sont pas les moyens techniques qui manquent : photographie digitale, spectroscopie avancée, mesures précises des champs électromagnétiques rayonnés, mesures directes des caractéristiques des courants de foudre émanant des structures élevées, etc. Ce ne sont pas non plus les théories qui font défaut ! Hélas, ces théories sont diverses et nécessiteraient une certaine unification !

Prenons l'exemple du mécanisme d'initiation de la décharge de foudre : certains scientifiques défendent la théorie de streamers positifs qui se développent à partir d'un point particulier des hydrométéores, d'autres préfèrent celle d'un streamer bidirectionnel issu d'une chaîne de particules précipitantes, d'autres encore privilégient le rôle d'électrons relativistes.

Les phénomènes précurseurs (traceur saccadé) observés dans les leaders négatifs sont similaires, qu'ils soient issus du nuage orageux (traceur descendant) ou d'un objet effilé au niveau du sol (traceur ascendant). Ces phénomènes sont reproduits en laboratoire sous forme de longues décharges (au maximum décamétriques), trop limitées en longueur pour que l'on puisse poursuivre les analogies.

Les théories de l'interception ou de l'attachement sont légion. Le problème n'est pas simple, étant donné qu'un seul traceur descendant entraîne l'érection d'un ou de plusieurs traceurs ascendants à partir du sol ou des diverses structures mises à la terre, un seul de ces derniers gagnant la lutte pour le développement du premier arc en retour dans un air vierge (non ionisé), alors que les composantes suivantes peuvent être différentes puisqu'elles surgissent dans un plasma d'air préalablement chauffé à haute température.

Les décharges de foudre sur les avions en vol sont généralement initiées par le radôme ou les extrémités anguleuses des ailes. Des chercheurs travaillent sur la modélisation du glissement en plein vol du point d'accrochage, origine de l'attachement, le long du fuselage.

Les observations récentes du courant intense généré par l'arc en retour ont montré une dispersion par ramification au niveau de la surface du sol et même dans les couches de terre sous-jacentes. Les fulgurites, créées par la décharge de foudre, ont des formes zigzagantes et ramifiées. Le mécanisme de dissipation du courant dans le sol reste inexpliqué.

De tous les processus, le mécanisme de l'arc en retour a été le plus étudié, car il est le plus énergétique. Ses propriétés physiques (température, densité électronique, pression) ont été déterminées grâce à la spectroscopie optique à résolution temporelle, mais on attend toujours le modèle physique qui pourrait rendre compte de tous les paramètres enregistrés.

Des électrons relativistes émis lors de la décharge pourraient produire des rayons X (de 30 à 250 keV) et des rayons gamma (dans les MeV), suite à des collisions avec les molécules d'air. Momentanément, nous disposons de trop peu de données (essentiellement issues des résultats de tirs déclenchés de foudre artificielle) pour tirer des conclusions intéressantes et élaborer une modélisation *ad hoc*.

Les décharges atmosphériques de tous types créent de nouvelles molécules à partir des constituants de l'atmosphère : celle de monoxyde d'azote (NO) est la plus courante, elle facilite la fabrication d'ozone (O_3). L'ozone atmosphérique absorbe les infrarouges et agit comme gaz d'effet de serre. La proportion des différents oxydes d'azote, regroupés sous le symbole NO_x, créée par la foudre reste à déterminer (on suppose aujourd'hui qu'elle vaut de 3 à 20 % du total).

La foudre est un phénomène sporadique et deux éclairs ne sont jamais identiques. Même s'il est relativement facile de mesurer l'évolution temporelle des champs électriques et magnétiques générés par la foudre, estimer la répartition spatio-temporelle des sources de ces champs n'est pas aisé. Lors de leur propagation le long de la terre, ces champs s'atténuent et se dispersent, étant donné les propriétés électromagnétiques de la terre. Il existe des modèles simples d'estimation des amplitudes des courants de foudre à partir des mesures de champs électromagnétiques à distance. Des mesures de champs en différentes stations permettent la localisation du point d'impact. Des techniques interférométriques fournissent des informations sur le développement et la progression des décharges internuages et intranuages. Mais nous devons améliorer les modèles théoriques pour déduire les propriétés des processus de foudroiement à partir de mesures à distance.

Effets de la foudre sur le climat

Nous avons urgemment besoin de comprendre comment la foudre interagit avec les systèmes d'énergie électrique, les systèmes de télécommunications et de signalisation (notamment des chemins de fer), les éoliennes, les avions et autres structures particulières. Cette connaissance conduira à l'élaboration de règles de protection optimale de ces différents systèmes contre les effets de la foudre.

Dans ce but, nous devrions nous pencher sur les corrélations entre foudre, chutes de pluie et conditions climatiques sévères : une comparaison des cartographies s'impose entre les mesures de précipitations par radar et l'enregistrement de décharges atmosphériques à partir de détecteurs optiques embarqués sur des satellites. Les précipitations liées aux mouvements d'air convectifs sont bien corrélées à l'activité orageuse, bien que cette relation varie fortement de région à région.

Ces données contribueraient à réduire les déboires de l'aviation civile. Il a été prouvé que l'accroissement du taux de décharges positives nuage-sol précède immédiatement des conditions atmosphériques sévères tels les cyclones, les tornades et les tempêtes de grêle. Des données statistiques nous manquent aussi dans ce domaine.

Les études relatives à la foudre globale (circuit électrique global du condensateur ionosphère-sol sur toute la planète) montrent que celle-ci conditionne certainement le climat de la Terre. Des observations récentes ont permis de mettre en évidence de fortes corrélations entre, d'une part, l'activité orageuse globale ou locale et, d'autre part, les paramètres climatiques, telles la température à la surface du sol et la présence de vapeur d'eau troposphérique au voisinage de la tropopause. La foudre apparaîtrait comme un *thermomètre global régissant le climat de la Terre.* Toutefois, il n'y a, à l'heure actuelle, aucune tendance claire liant l'activité orageuse et l'accroissement de la température superficielle sur la Terre.

La contribution des coups de foudre dans la production d'oxydes d'azote dans l'atmosphère devrait être quantifiée, car elle influence les effets de ces substances générées par les activités humaines sur les changements climatiques et sur l'environnement.

Nous voici au cœur des débats actuels sur les effets de la pollution et la conservation de notre belle planète.

La recherche dans le domaine de la foudre requiert des équipes de chercheurs de plus en plus interdisciplinaires. En 2005, l'Union européenne l'a bien compris en acceptant de subventionner des recherches relatives à la *Physique et aux effets de la décharge de foudre* (projet COST action P18[1]).

Doit-on craindre la foudre ?

Dans un quotidien du 2 décembre 2005, on lit :

1. COST Action P18, *The Physics of the Lightning Flash and its Effects,* annexe technique, document de l'Union européenne, European Science Foundation, juin 2005.

« Un proverbe dit que la foudre ne frappe jamais deux fois au même endroit. Joli dicton pour une famille canadienne dont la maison a été foudroyée trois fois en six ans. (…) Selon l'agence Environnement Canada, la probabilité d'être frappé par la foudre dans ce pays est d'une sur un million. (…) Reste qu'au-delà de l'aspect insolite de la chose, chaque fois qu'elle frappe, la foudre cause d'importants dommages dans la maison. »

Que de préjugés et d'idées reçues ! Nous avons montré, au contraire, que si la foudre frappe une région ou un objet déterminé, elle a beaucoup de chances de s'y manifester à nouveau. Et si une maison a été foudroyée une première fois, il est essentiel de prendre des mesures pour la protéger contre la foudre, selon les principes décrits au chapitre 4.

Dans une habitation bien protégée, il n'y a rien à craindre, à condition de prendre toutes les précautions énoncées aux chapitres 8 à 10. Les règles élémentaires de protection s'appliquent partout, surtout en dehors des habitations.

Fini le temps où l'homme se sentait impuissant face à ce phénomène !

Mais il faut rester prudent, même si, depuis un siècle, on meurt de moins en moins foudroyé, suite à l'urbanisation généralisée, à une meilleure conscience des dangers provoqués par la foudre et à une meilleure connaissance de sa phénoménologie *(cf. partie II)* et de ses effets *(cf. partie III)*.

Quant à la protection contre la foudre des bâtiments et des structures (partie IV), elle a beaucoup évolué à l'échelon international. Nous avons montré à suffisance que les règles de protection étaient bien développées dans une norme européenne et internationale IEC EN 62305, appliquée avec succès partout dans le monde.

Même si la foudre continue à nous fasciner, voire à nous terroriser, elle apparaît de moins en moins mystérieuse. Certes, elle a donné naissance à de nombreux mythes dès l'aube des civilisations *(cf. chapitre 1)*. Hélas, ces mythes perdurent chez de nombreux non-scientifiques aux esprits faibles, ignorants ou insatisfaits. Des structures identiques de pensée, gravées dans l'inconscient collectif, ne construisent-elles pas, par immanence, le sacré auquel se réfèrent constamment la plupart des êtres humains ?

Les scientifiques fondent beaucoup d'espoir sur les travaux des équipes internationales évoqués plus haut, travaux qui devraient nous permettre de mieux cerner ce phénomène naturel fantastique.

En guise de conclusion, il nous serait facile de faire nôtres les paroles d'Héraclite pour qui « *la foudre (le feu du Ciel) gouverne toute chose* ».

Restons humble, tout en attirant l'attention sur le fait que la foudre frappe notre planète, en permanence, quelque cent fois par seconde et que, malgré son cortège de catastrophes et de terreur, non seulement elle est probablement à l'origine de l'apparition de la vie sur Terre, mais elle est aussi fertilisatrice et indispensable à notre survie (en effet, sans son action, la vie disparaîtrait sur Terre en moins d'une demi-heure ; *cf. le rôle de l'ionosphère au chapitre 4*), en tant que seule machine électrostatique capable de recharger continûment la couche ionosphérique.

En un mot, la foudre agit comme une des palpitations immarcescibles d'un monde en perpétuelle évolution.

ANNEXES

Annexe A

Notions physiques sur les décharges électriques dans l'air

DÉCHARGE ÉLECTRIQUE

La *disruption* électrique dans les gaz, en particulier dans l'air, est le passage d'un état isolant du gaz à son état conducteur (électrique).

Un *éclateur* est une enceinte fermée remplie d'un diélectrique gazeux (ou de vide) et munie de deux électrodes portées à des potentiels différents. Dans un éclateur court (distance interélectrode d centimétrique), la disruption fait appel à un mécanisme (théorie de Townsend) que nous n'étudierons pas ici. Dans les éclateurs plus longs (distance inter-électrode d au moins décimétrique), la disrup tion se manifeste suite au développement de *streamers* ou canaux conducteurs filamentaires. La rigidité diélectrique de l'air en champ uniforme (éclateur à électrodes planes parallèles, sans effets de bords) est de l'ordre du mégavolt par mètre (30 kV/cm à la pression atmosphérique).

Physiquement, l'application d'un champ électrique dans un diélectrique gazeux provoque d'abord une *ionisation* partielle (formation d'ions + et d'électrons –) des molécules de ce gaz. La croissance exponentielle de l'ionisation forme des *avalanches électroniques*. Pour un champ électrique critique, celles-ci engendrent des *streamers* qui court-circuitent l'éclateur si ce dernier est suffisamment court ou qui se développent en *leaders* (*traceurs*) dans les éclateurs plus longs.

La *décharge électrique* a donc pour origine le développement de streamers.

Dans les éclateurs longs, plusieurs *streamers* peuvent se développer à partir d'un seul point de la cathode. La chaleur générée par les courants filamentaires augmente la température de la tête du streamer. Lorsque la température est suffisante, l'ionisation thermique en tête de streamer provoque le détachement électronique et une brutale augmentation de la densité électronique, ce qui fait croître la conductivité électrique du plasma : le streamer se développe alors en *leader* (*traceur*). Comme le traceur est un excellent conducteur électrique, le potentiel de la cathode est transmis à la tête de ce traceur qui peut aussi développer d'autres streamers. Le traceur s'étend rapidement vers l'anode et l'*étincelle* jaillit. Si le courant est intense, l'étincelle se transforme en *arc électrique* (ou en d'autres types de plasmas).

THÉORIE DES STREAMERS

Vers 1940, Craggs, Meek et Raether ont établi une *théorie des streamers* (ou théorie des décharges filamentaires) complétée depuis lors par de nombreuses approches à caractère essentiellement expérimental.

Une avalanche initiée par un électron multiplie exponentiellement le nombre d'électrons en tête de cette avalanche. Ces électrons diffusent et la longueur de l'avalanche s'étend, entraînant une croissance du champ électrique induit par la charge d'espace. Pour une certaine valeur critique de cette longueur, le champ électrique induit devient comparable au champ électrique extérieurement appliqué. Dès lors, l'*avalanche électronique se transforme en streamer.*

Selon Meek, trois conditions sont exigées pour qu'apparaisse un streamer :

1. production de photons très énergétiques en tête de l'avalanche principale ;
2. possibilité d'ionisation des molécules de gaz au voisinage de la tête de l'avalanche ;
3. charge d'espace suffisante en tête de l'avalanche principale pour que soient générées des avalanches secondaires adéquates dans le champ électrique renforcé.

Les mécanismes de formation d'un streamer positif ou négatif diffèrent (Cooray, 2003).

Considérons le développement d'un *streamer négatif*, c'est-à-dire d'un streamer initié de la cathode et se dirigeant vers l'anode *(cf. figure A.1)* et travaillons d'abord en champ électrique uniforme.

Les électrons de l'avalanche se déplacent vers l'anode, laissant derrière eux une charge d'espace positive près de la cathode. Lorsque l'avalanche atteint une taille critique, des avalanches secondaires étendent la charge d'espace positive vers la cathode. Dès que la charge d'espace positive atteint la cathode, le renforcement du champ dû à la proximité de la charge positive et le bombardement d'ions positifs sur la cathode conduisent à l'émission cathodique de nouveaux électrons. Ceux-ci neutralisent la charge d'espace positive, produisant un canal légèrement conducteur qui relie la tête négative de l'avalanche à la cathode. Le champ électrique intense en tête de l'avalanche pousse la charge d'espace négative vers le gaz présent dans l'éclateur tandis que la charge d'espace positive en arrière est neutralisée par les nouveaux électrons issus de la cathode.

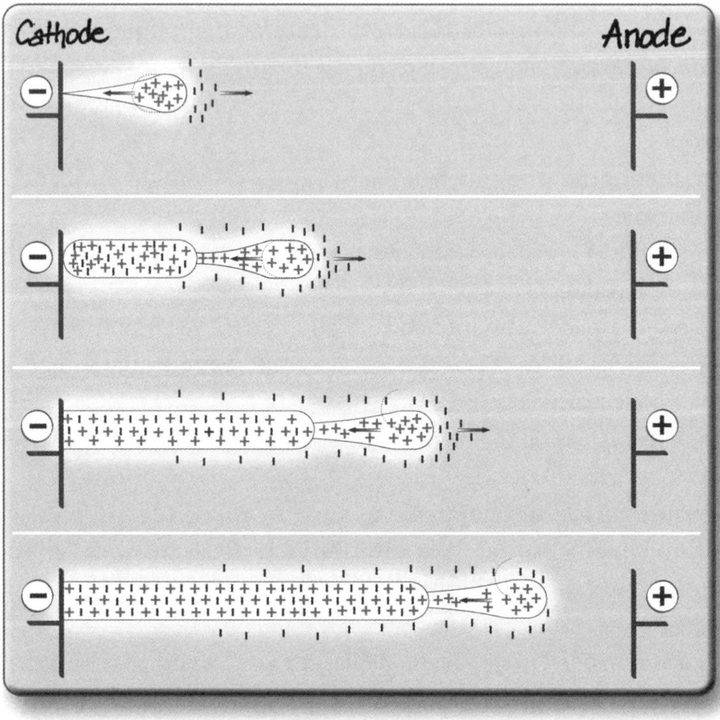

Figure A.1 | Développement d'un streamer négatif.

Si le champ électrique extérieurement appliqué est très élevé, la charge d'espace positive de l'avalanche peut atteindre la dimension critique pour que le streamer progresse jusqu'à l'anode. Ceci provoque parfois une *décharge bi-directionnelle* en présence d'un streamer négatif se dirigeant vers l'anode et d'un streamer positif se dirigeant vers la cathode (*streamer à mi-distance interélectrode*).

Le développement d'un streamer requiert que le nombre de particules chargées en tête de l'avalanche dépasse une valeur critique Nc. Raether et Meek ont montré que le nombre d'ions positifs en tête de l'avalanche devait dépasser environ 100 millions. Il s'agit d'un critère empirique, remarquablement vérifié par l'expérience. Lorsque le streamer remplit tout l'espace interélectrode, la décharge ne jaillit pas nécessairement. Pour qu'elle jaillisse, il faut que le canal s'échauffe et devienne hautement conducteur. Cet échauffement rapide du gaz (ionisation thermique) se fait par un processus de *thermalisation* pour que la *transition* du *streamer* vers l'*étincelle* se réalise. Dans un éclateur à champ électrique *uniforme* (de grandeur constante), de distance interélectrode d, une *condition d'apparition* du streamer exige qu'une avalanche ait une longueur critique égale à d. Ceci correspond à un champ électrique dépassant 26 kV/cm, valeur supérieure à celle qui est nécessitée pour sa propagation. Dès qu'un streamer apparaît, il se développe directement dans tout l'espace inter-électrode.

LA DÉCHARGE ÉLECTRIQUE EN CHAMP NON UNIFORME

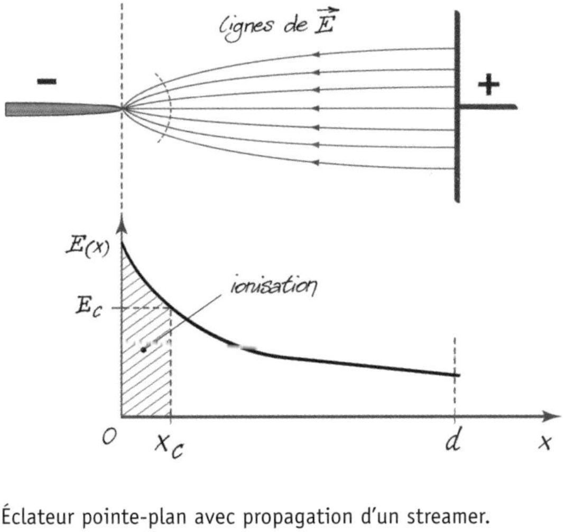

Figure A.2 | Éclateur pointe-plan avec propagation d'un streamer.

Dans un champ électrique E *non uniforme* (éclateur pointe-plan, par exemple, *cf. figure A.2*), lorsque le streamer est créé, le champ électrique appliqué doit pouvoir entretenir sa propagation.

Si, au-delà de la distance critique xc, ce champ électrique décroît en-deçà d'une valeur E_c inférieure à 5 kV/cm, aucun streamer (ni positif, ni négatif) ne peut se développer à travers tout l'espace interélectrode, mais seulement sur de courtes distances, de 0 à x_c, c'est-à-dire dans la zone d'ionisation préférentielle. Si le champ électrique est compris entre 5 et 20 kV/cm, un streamer positif traverse tout l'espace interélectrode, alors qu'un streamer négatif meurt avant d'atteindre l'anode. Ceci explique pourquoi il est plus facile de provoquer une décharge dans un éclateur pointe-plan avec pointe positive (anode) que dans le même éclateur avec pointe négative.

En présence d'un champ électrique non uniforme, les charges d'espace et la polarité des électrodes influencent la tension d'amorçage, qui est fonction non seulement du produit de la pression p et de la distance interélectrode d mais aussi d'un *facteur de forme*. Ce facteur de forme tient compte de la géométrie des électrodes, par l'intermédiaire d'un *facteur de renforcement du champ électrique* f_r défini comme le rapport du champ électrique maximum E_{max} (champ régnant à la surface de la partie de l'électrode à rayon de courbure le plus petit) au champ électrique moyen E_{moy} dans l'éclateur (E_{moy} = U/d). Quand le facteur de renforcement du champ est inférieur à 5, le champ électrique reste quasi uniforme dans l'éclateur et la décharge se présente approximativement comme si on travaillait en champ électrique uniforme.

DÉCHARGES CORONA

Les éclateurs en champ électrique non uniforme sont caractérisés par une décharge qui est toujours initiée au droit de l'électrode où le champ électrique est le plus intense, c'est-à-dire celle qui possède la plus grande acuité géométrique (plus petit rayon de courbure). Sa polarité joue donc un rôle important.

Les décharges initiées ne sont pas nécessairement *complètes*. Elles peuvent n'être que *partielles* ou *incomplètes*, même à des tensions élevées. Toutefois, une décharge incomplète peut s'étendre dans tout l'espace interélectrode et provoquer la disruption complète. La transition entre décharge incomplète et décharge complète se situe en général pour des distances interélectrodes de l'ordre de 2,5 fois le rayon de courbure de l'électrode d'où est issue la décharge partielle. Lorsque ces décharges partielles sont initiées à l'interface de l'électrode et du gaz, on les appelle *décharges corona*.

L'*effet corona* ou *effet de couronne* tire son nom de la gaine lumineuse qui apparaît autour de conducteurs cylindriques de faible rayon lorsque le champ électrique y atteint une valeur seuil (*cf. encart couleur 14*).

Dans la *décharge corona négative* (issue de la cathode pointue ou à plus petit rayon de courbure que l'anode, *cf. figure A.3*), les avalanches électroniques se développent vers l'anode dans un champ électrique décroissant, laissant derrière elles une charge d'espace positive (ions) près de la cathode qui les ralentit jusqu'à une distance critique r_0 où le champ électrique est inférieur au champ électrique seuil de l'ionisation. À cette distance, les électrons s'attachent aux molécules d'oxygène (gaz électronégatif) de l'air, qui deviennent des ions négatifs créant une charge d'espace négative. Les deux charges d'espace de polarités opposées modifient la configuration du champ dans l'éclateur (courbe du champ dite « avec charge d'espace », au lieu de courbe du champ dite « sans charge d'espace ») : le champ électrique croît davantage lorsqu'on s'approche de la cathode et décroît lorsqu'on s'approche de l'anode. Il s'en suit que les avalanches successives se développent dans des champs électriques plus intenses mais parcourent de plus courtes distances.

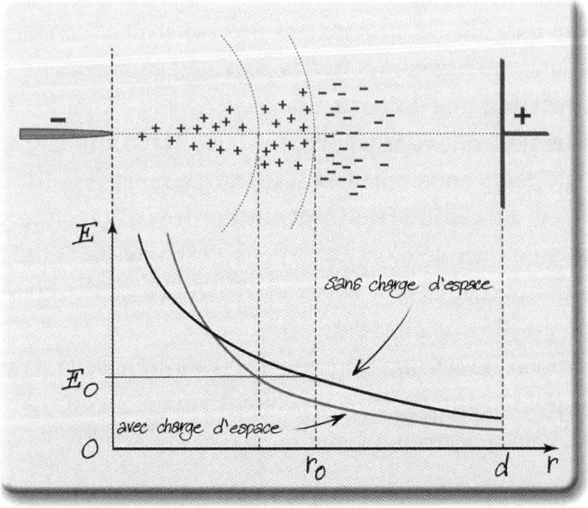

Figure A.3 | Effet corona à pointe négative.

Trois modes de décharges corona en résultent : *impulsions de Trichel*, *lueurs négatives* non impulsionnelles, *streamers négatifs*.

1. La décharge partielle est désamorcée quand le champ électrique effectif tombe sous la valeur du champ critique. Après disparition de la charge d'espace, on retrouve le champ électrique appliqué, plus élevé, et le cycle recommence. Ce processus produit des impulsions de courant corona mises en évidence par Trichel, appelées *impulsions de Trichel.* Leur durée est de l'ordre de quelques dizaines de nanosecondes. Leur fréquence, qui dépend de la géométrie de la cathode et de la pression du gaz, augmente avec la tension appliquée. L'intervalle de temps entre deux impulsions successives est de l'ordre de 1 à 100 µs. En l'absence de gaz électronégatifs, elles n'apparaissent pas.
2. Si le champ électrique est suffisant pour transporter rapidement la charge négative vers l'anode, les impulsions de Trichel n'apparaissent pas, la décharge se présente sous forme d'une *lueur*

négative. De plus, les ions positifs prennent suffisamment d'énergie au champ électrique pour bombarder la cathode et expulser un grand nombre d'électrons vers le gaz.

3. Si le champ électrique augmente encore, l'expulsion de la charge d'espace est telle que les avalanches se transforment en véritables *streamers négatifs*. Ces décharges partielles par streamer se propagent loin dans la région où le champ électrique est faible dans l'éclateur. Leur extension augmente avec la tension appliquée. Ces streamers engendrent des impulsions à basse fréquence dans le courant de décharge.

GRANDS INTERVALLES DE DISRUPTURE

Les *grands intervalles de disrupture* sont des espaces naturels où les décharges s'étendent sur de grandes distances (hectométriques, voire kilométriques) ou des espaces de laboratoire dont la distance interélectrode dépasse nettement 5 m.

Entre l'instant 0 d'application de la tension à un éclateur et son amorçage, il s'écoule toujours un délai ou *retard à l'amorçage* t, somme d'un *temps statistique* et d'un *temps de formation* ou *temps d'établissement* de la décharge. Le temps statistique, appelé *retard statistique*, est le temps nécessaire pour qu'apparaisse un électron primaire initiateur d'une première avalanche ; ce retard diminue si l'on irradie davantage la cathode avec des rayons ultraviolets ou si la tension appliquée augmente. Le temps de formation est le temps nécessaire pour que se développe la décharge à partir de la première avalanche.

Si l'on souhaite provoquer une disruption, suite à l'application d'une tension impulsionnelle U_i, celle-ci doit être supérieure à la tension de disruption en continu U_s. Le retard à l'amorçage décroît lorsque la différence $U_i - U_s$ augmente.

Dans les éclateurs moins longs (décimétriques), le passage du streamer à l'étincelle est immédiat quand le streamer traverse l'espace inter-électrode et atteint, par exemple, l'électrode plane mise à la terre.

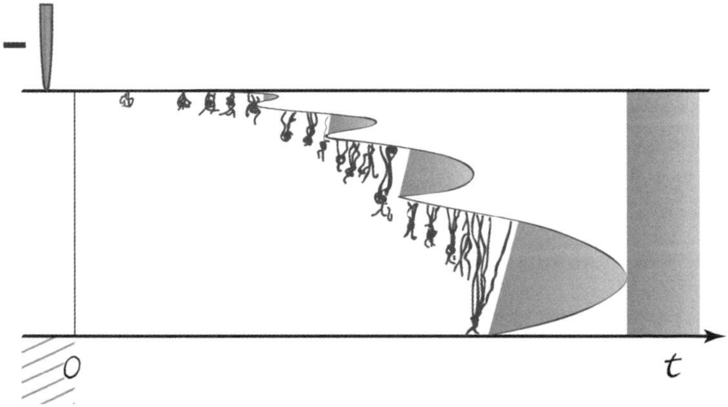

Figure A.4 | Développement d'une décharge négative (pointe négative, plan à la masse).

Dans les *grands intervalles de disrupture*, la première phase du développement de la décharge est un effet de couronne primaire, appelé *premier corona* ou *première couronne*, sous forme d'explosions filamentaires (streamers de couronne) issues de l'électrode à haute tension. La deuxième phase est le développement d'un canal fortement conducteur, appelé *leader* (ou *traceur* ou *précurseur*), issu également de l'électrode à haute tension. En troisième phase, le leader s'étend grâce aux décharges corona émanant de sa tête et progresse vers l'électrode de terre. Enfin, le *saut final* est la dernière phase conduisant à la disruption. Ce saut final jaillit lorsque les streamers issus de l'effet corona à la tête du leader atteignent l'électrode de terre.

Dans un éclateur « pointe négative – plan à la masse », on observe une première couronne et une zone sombre similaires à celles de l'éclateur « pointe positive – plan à la masse ». Toutefois l'intensité lumineuse et la longueur des *streamers de couronne* y sont beaucoup plus faibles.

Après la période sombre, apparaît un processus unique appelé *système pilote* avec points très brillants de courte durée, à partir desquels des streamers des deux polarités se développent dans les deux directions opposées (voir les points gras de la *figure A.4*).

L'interaction entre les streamers positifs ainsi formés et les streamers de la première couronne conduit à la création du *leader négatif* issu de la cathode. Le processus se répète à intervalles réguliers au cours de la propagation du leader, par bonds successifs.

Lorsque le leader s'est complètement développé, l'amorçage se produit en commençant par le *saut final* lorsque les premiers filaments de la couronne touchent le plan. Ce phénomène engendre une vive réillumination des streamers de cette couronne, à partir du plan jusqu'à la tête du leader. Le saut final précède la décharge complète, véritable arc électrique jaillissant entre les deux électrodes.

BIBLIOGRAPHIE

Cooray V., *The Lightning Flash*, IEE, Power & Energy Series 34, UK, 2003.

Annexe B

Évaluation des risques

DÉGÂTS ET RISQUES DUS À LA FOUDRE

Les dangers des coups de foudre (nuage-sol) sur une structure peuvent donner lieu à des dommages affectant la structure et son contenu, à des défaillances des réseaux de puissance et de communication associés ou aussi à des blessures d'êtres vivants dans la structure ou à proximité de celle-ci.

La partie 2 de la norme (IEC) EN 62305 (EN 62305-2, édition 2 : 2012) traite exclusivement l'évaluation et la gestion des risques dus à la foudre. Dans cette norme, les dommages sont caractérisés par les sources, types et pertes suivants (*cf. figure B.1*).

– Sources de dommages :

  S_1 : impacts sur une structure ;

  S_2 : impacts à proximité d'une structure ;

  S_3 : impacts sur un service ;

  S_4 : impacts à proximité d'un service.

– Types de dommages :

  D_1 : blessures d'êtres vivants par choc électrique ;

  D_2 : dommages physiques ;

  D_3 : défaillance des réseaux de puissance et de communication.

Coup de foudre		Structure	
Point d'impact	Source de dommages	Type de dommages	Type de pertes
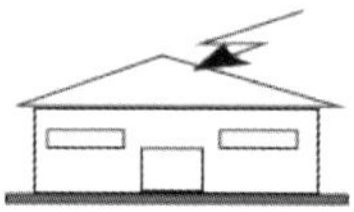	S_1	D_1 D_2 D_3	L_1, L_4[a] L_1, L_2, L_3, L_4 L_1[b], L_2, L_4
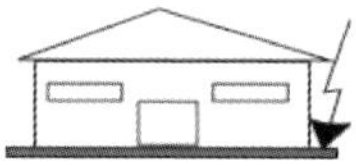	S_2	D_3	L_1[b], L_2, L_4
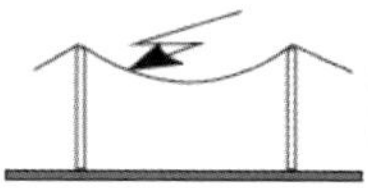	S_3	D_1 D_2 D_3	L_1, L_4[a] L_1, L_2, L_3, L_4 L_1[b], L_2, L_4
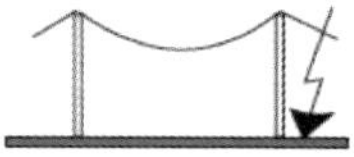	S_4	D_3	L_1[b], L_2, L_4

[a] Seulement dans le cas où des pertes d'animaux peuvent survenir.
[b] Seulement dans le cas des structures présentant des risques d'explosion et dans des hôpitaux ou autres structures dans lesquelles des défaillances de réseaux internes peuvent entraîner des dangers mortels.

Figure B.1. | Sources (S) de dommages et types (D) de dommages.

Les impacts sur la structure (S_1) peuvent provoquer des dommages physiques et des blessures d'êtres vivants. Des impacts au sol à proximité de la structure (S_2) ou des services (S_4) ainsi que les impacts sur la structure (S_1) ou sur les services (S_2) peuvent provoquer des défaillances des réseaux de puissance et de communication, à cause des surtensions resultant de couplages résistif et inductif de ces systèmes avec le courant de foudre.

Le nombre d'impacts de foudre influençant la structure dépend des dimensions et des caractéristiques de cette structure, ainsi que des caractéristiques de l'environnement, de la densité des impacts au sol dans la région concernée.

La probabilité de dommages dépend de la structure et des caractéristiques du courant de foudre, ainsi que du type et de l'efficacité des mesures de protection appliquées.

Le montant annuel moyen des pertes consécutives dépend de l'extension des dommages et de leurs effets, résultats de l'impact de foudre.

Chaque type de dommage, seul ou en combinaison avec les autres, peut produire des pertes conséquentes sur l'objet à protéger. Ce type de pertes dépend de l'objet lui-même et de son contenu. On tiendra compte des quatre types de pertes suivants, tous associés à une structure (*cf. figure B.1*) :

L_1 : perte de vie humaine (y compris les blessures permanentes) ;

L_2 : perte de service public ;

L_3 : perte d'héritage culturel ;

L_4 : perte de valeurs économiques (structure et son contenu, perte d'activité).

Le **risque R** est la **mesure d'une perte annuelle moyenne probable**. Pour chaque type de perte qui peut apparaître dans une structure, le risque correspondant doit être évalué.

Les risques (primaires) à évaluer dans une structure sont les suivants :

R_1 : risque de perte de vie humaine (y compris les blessures permanentes) ;

R_2 : risque de perte de service public ;

R_3 : risque de perte d'héritage culturel ;

R_4 : risque de perte de valeurs économiques.

Une protection contre la foudre s'impose si le risque (primaire) R_n dépasse la valeur tolérable R_{tn}.

IDENTIFICATION DES COMPOSANTES DE RISQUE

Pour évaluer le risque (primaire) R_n (n = 1, 2, 3, 4), les composantes appropriées du risque R_x (risques partiels dépendant de la source de dommage S et du type de dommage D) doivent être définies et calculées. Chaque risque (primaire) R_n est la somme de composantes R_x. Lorsqu'on calcule un risque (primaire), les composantes du risque R_x peuvent être groupées en fonction de la source (S) et du type (D) des dommages.

* **composantes de risque dues aux impacts sur la structure** ***(S_1) :***

R_A : composante liée aux blessures d'êtres vivants dues au choc électrique du fait des tensions de contact et de pas dans la structure et à l'extérieur dans les zones jusqu'à 3 m autour des conducteurs de descente ; des pertes de type L_1 et, dans le cas de structures abritant le bétail, des pertes de type L_4 avec pertes éventuelles d'animaux, peuvent apparaître ;

R_B : composante liée aux dommages physiques d'un étincelage dangereux dans la structure entraînant un incendie ou une explosion pouvant produire des dangers pour l'environnement ; les 4 types de pertes peuvent apparaître ;

R_C : composante liée aux défaillances des réseaux internes causes par l'IEMF (impulsion électromagnétique de foudre) ; des pertes de types L_2 et L_4 peuvent apparaître dans tous les cas, avec le type L_1 dans le cas des structures présentant un risque d'explosion et dans les hôpitaux ou d'autres structures dans lesquelles des défaillances des réseaux internes mettent immédiatement en danger la vie des personnes.

* **composantes de risque dues aux impacts au sol** ***à proximité de la structure (S_2) :***

R_M : composante liée aux défaillances des réseaux internes causées par l'IEMF ; des pertes de types L_2 et L_4 pourraient apparaître dans tous les cas, avec le type L_1 dans le cas des structures présentant un risque d'explosion et des hôpitaux ou d'autres structures dans lesquelles des défaillances des réseaux internes mettent immédiatement en danger la vie des personnes ;

* **composantes de risque dues aux impacts sur un service connecté à la structure *(S_3)* :**

R_U : composante liée aux blessures d'êtres vivants dues au choc électrique du fait des tensions de contact à l'intérieur de la structure ; des pertes de type L_1 et, dans le cas de domains agricoles, des pertes de type L_4 avec pertes éventuelles d'animaux peuvent apparaître ;

R_V : composante liée aux dommages physiques (incendie ou explosion dus à un étincelage dangereux entre une installation extérieure et les parties métalliques généralement situées au point de pénétration du service dans la structure) dus au courant de foudre transmis dans les services entrants ; tous les types de pertes L_1, L_2, L_3 et L_4 peuvent apparaître ;

R_W : composante liée aux défaillances des réseaux internes en raison des surtensions induites sur les services entrants et transmises à la structure ; des pertes de types L_2 et L_4 pourraient apparaître dans tous les cas, avec le type L_1 dans le cas des structures présentant un risque d'explosion et des hôpitaux ou d'autres structures dans lesquelles des défaillances des réseaux internes mettent immédiatement en danger la vie des personnes.

* **composante de risque due à un impact au sol *à proximité d'un service connecté à la structure (S_4)* :**

R_Z : composante liée aux défaillances des réseaux internes en raison des surtensions induites sur les services entrants et transmises ; des pertes de types L_2 et L_4 pourraient apparaître dans tous les cas avec le type L_1 dans le cas des structures présentant un risque d'explosion et des hôpitaux ou d'autres structures dans lesquelles des défaillances des réseaux internes mettent immédiatement en danger la vie des personnes.

Les composantes de risque R_x à prendre en compte pour chaque type de perte dans une structure sont données ci-dessous (*cf. figure B.2*) :

$R_1 = R_{A1} + R_{B1} + R_{C1}^{(1)} + R_{M1}^{(1)} + R_{U1} + R_{V1} + R_{W1}^{(1)} + R_{Z1}^{(1)}$;

$R_2 = R_{B2} + R_{C2} + R_{M2} + R_{V2} + R_{W2} + R_{Z2}$;

$R_3 = R_{B3} + R_{V3}$;

$R_4 = R_{A4}^{(2)} + R_{B4} + R_{C4} + R_{M4} + R_{U4}^{(2)} + R_{W4} + R_{Z4}$.

Chaque risque (primaire) R_n peut être exprimé en référence à la source de dommage et peut être décomposé en deux (direct R_D associé à S_1 et indirect R_I relative à S_2, S_3 et S_4) composantes de base pour chaque type de perte) :

$R_n = R_{Dn} + R_{In}$

avec

$R_{Dn} = R_{An}^{(2)} + R_{Bn} + R_{Cn}^{(1)}$

et

$R_{In} = R_{Mn}^{(1)} + R_{Un} + R_{Vn} + R_{Wn}^{(1)} + R_{Zn}^{(1)}$.

Chaque composante de risque peut être évaluée à partir de l'équation

$$R_X = N_X \, P_X \, L_X$$

dans laquelle N_X est le nombre annuel d'événements dangereux, P_X la probabilité de dommage à une structure et L_X la valeur de perte correspondante.

Les valeurs de N_X (nombre annuel d'événements dangereux) peuvent être évaluées (*cf. Annexe A dans* norme IEC EN 62305, partie -2, 2010). Par exemple,

$N_D = N_{SG} \, A_d \, C_d \, 10^{-6}$,

où

N_{SG} est la densité d'impacts au sol ($km^{-2}. an^{-1}$),

(1) Uniquement pour des structures présentant un risque d'explosion et des hôpitaux ou d'autres structures dans lesquelles des défaillances des réseaux internes mettent immédiatement en danger la vie des personnes.

(2) Uniquement pour les propriétés où des pertes éventuelles d'animaux peuvent survenir.

A_d est la surface équivalente d'exposition de la structure (m^2) aux coups directs et

C_d est le facteur d'environnement (emplacement) de la structure ;

pour une structure rectangulaire de longueur L, de largeur W et de hauteur H, en terrain plat, on a :

$A_d = L\,W + 6\,H\,(L + W) + 9\,\pi\,H^2$.

Le facteur d'environnement (emplacement) C_d de la structure vaut 0,25 si la structure est entourée par des objets plus hauts, 0,5 si la structure est entourée par des objets de la même hauteur ou plus petits, 1 si la structure est isolée et 2 si elle est isolée au sommet d'une colline ou sur un monticule.

Pour l'évaluation de la probabilité de dommages P_X d'une structure, ainsi que pour l'évaluation du montant des pertes L_X d'une structure, voir les annexes B et C de la norme IEC EN 62305-2.

Caractéristiques de la structure ou du réseau interne Mesures de protection	R_A	R_B	R_C	R_M	R_U	R_V	R_W	R_Z
Surface équivalente d'exposition	×	×	×	×	×	×	×	×
Résistivité de surface au sol	×							
Résistivité du sol					×			
Restrictions physiques, isolation, avertissement, isolation équipotentielle du sol	×				×			
SPF	×	×	×	×[a]	×[b]	×[b]		
Parafoudre d'équipotentialité	×	×			×	×		
Interfaces d'isolement			×[c]	×[c]	×	×	×	×
Parafoudres coordonnés			×	×			×	×
Écran spatial			×	×				
Réseaux externes blindés					×	×	×	×
Réseaux internes blindés			×	×				
Précautions de cheminement			×	×				
Réseau d'équipotentialité			×					
Précautions incendie		×				×		
Sensibilité au feu		×				×		
Danger particulier		×				×		
Tension de tenue aux chocs			×	×	×	×	×	×

[a] Uniquement pour les SPF extérieurs maillés.
[b] En raison des équipotentialités.
[c] Uniquement s'ils appartiennent au matériel.

Figure B.2. | Facteurs influençant les composantes de risque (norme IEC EN 62305, partie -2, 2010).

QUAND LA PROTECTION CONTRE LA FOUDRE EST-ELLE NÉCESSAIRE ?

La décision de protéger une structure contre la foudre ainsi que la sélection des mesures de protection suivent le logigramme de la *figure B.3*, applicable pour les trois premiers types de risques (R_1, R_2, R_3).

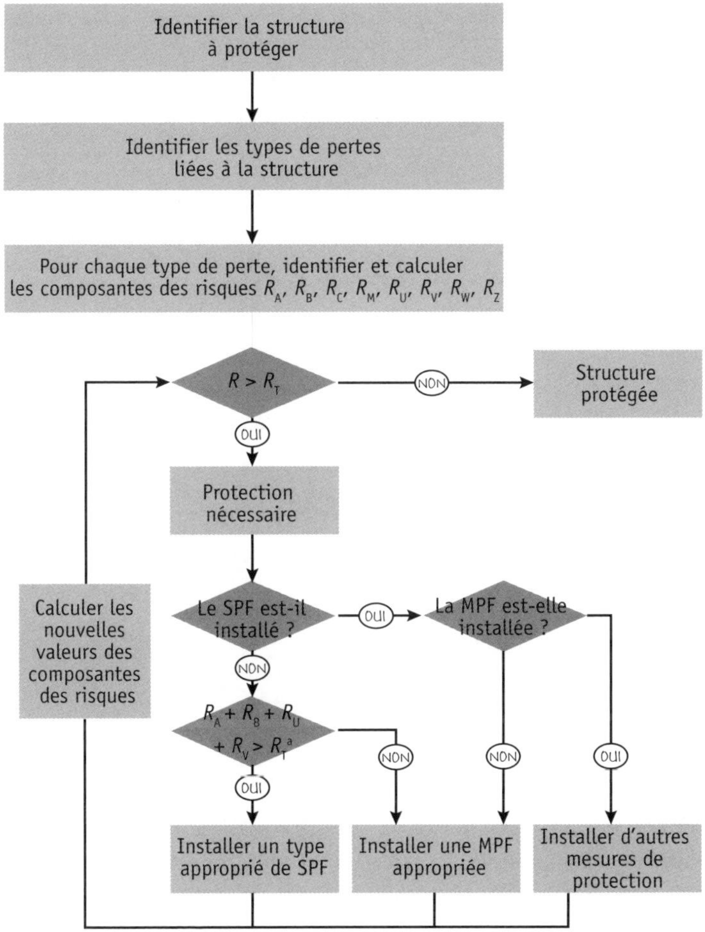

Légende :

[a] Si $R_A + R_B < R_T$, un SPF n'est pas nécessaire ; auquel cas un ou des parafoudres conformes à l'EN 62305-3 sont suffisants.

[b] Voir figure B.2.

Figure B.3. |Procédure d'évaluation du besoin de protection et pour le choix des mesures de protection (norme IEC EN 62305, partie -2, 2010) ;

L'auteur de projet identifie d'abord les types de perte qui pourraient résulter des dommages dus à la foudre. Après calcul des risques (primaires) correspondants, il compare la valeur obtenue au risque tolérable R_T. Le risque tolérable R doit être évalué par l'autorité compétente et responsable. Des valeurs typiques de risques tolérables sont données à la *figure B.4.*

Si $R < R_T$, une protection contre la foudre n'est pas nécessaire.

Si $R > R_T$, des mesures de protection doivent être prises (par essais et erreurs successifs) pour réduire R en dessous de R_T pour tous les risques auxquels la structure est exposée.

Types de pertes		R_T (an^{-1})
L_1	Perte de vie humaine ou blessures permanentes	10^{-5}
L_2	Perte de service public	10^{-3}
L_3	Perte d'héritage culturel	10^{-4}

Figure B.4. | Valeurs typiques pour le risque tolérable R_T (norme IEC EN 62305, partie -2, 2012).

Généralement, si l'évaluation du risque requiert une SPF du type IEPF, c'est-à-dire si $R_D > R_T$, une équipotentialisation ou de parafoudres de classe I sont requis à la fois sur les réseaux de puissance et de communication. Ces parafoudres constituent une partie intégrée du SPF et la première partie du système de parafoudres coordonnés pour la protection des équipements électroniques.

Si $R_D < R_T$, mais $R_I > R_T$, tous les services aériens entrant dans la structure requerront des parafoudres de type I au niveau 12,5 kA. Pour les services enterrés (non soumis à des coups de foudre directs) entrant dans la structure, la protection est obtenue à partir de parafoudres de classe II.

Alternativement, la structure à protéger peut nécessiter à la fois un SPF et un ensemble coordonné de parafoudres, en vue de minimiser, voire annuler, les effets électromagnétiques.

LE LOGICIEL « RISK MULTILINGUAL » POUR L'ANALYSE DU RISQUE FOUDRE

L'évaluation du risque foudre sur une structure, fondé sur la norme IEC EN 62305-2 (édition 2 : 2012), nécessite de nombreux et lourds calculs (plus de 60 paramètres pour chaque zone sélectionnée). Des logiciels facilitant ces calculs ont été développés, notamment par l'auteur et son équipe de la Faculté polytechnique de l'Université de Mons (Belgique).

Ce logiciel, appelé « **Risk Multilingual** », peut être acquis, sous certaines conditions, en écrivant à christian.bouquegneau@umons.ac.be. Il est mis à jour à chaque nouvelle édition de la norme. D'abord proposé en français, anglais et néerlandais, il peut être converti en n'importe quelle langue à condition que le demandeur traduise séparément, dans la langue souhaitée, une liste de mots proposée. Il contient aussi les cartes de densités d'impacts au sol de différents pays. D'autres cartes peuvent y être intégrées. Son interface a été soigneusement étudiée pour faire apparaître simultanément tous les paramètres ainsi que les principaux résultats de calcul et toutes les valeurs relatives de composantes de risque.

L'utilisateur peut estimer directement l'influence de chaque paramètre sur les valeurs des composantes de risque. Il peut ainsi en déduire aisément le type de protection souhaité pour garantir une valeur de risque calculé inférieure au risque tolérable correspondant.

La plupart des structures à protéger sont complexes et comprennent plusieurs zones où les paramètres sont identiques. Le logiciel « Risk Multilingual » peut traiter sur la même interface jusqu'à 10 zones d'une même structure.

De plus, pour évaluer le besoin d'installer des mesures de protection, les résultats sont exportés sur une feuille Excel étendue. L'utilisateur peut aisément voir le résultat du risque global en cliquant sur la somme des risques et la comparer aussi au risque tolérable. La feuille

Excel permet également l'écriture du rapport complet de l'analyse de risque foudre sur la structure à étudier.

BIBLIOGRAPHIE

Comité Électrotechnique International, norme IEC EN 62305 (édition 2 : 2010), Protection contre la Foudre, divisée en quatre parties :
- 62305-1 : Principes généraux ;
- 62305-2 : Évaluation du risque de foudroiement ;
- 62305-3 : Dommages physiques sur les structures et risques humains ;
- 62305-4 : Systèmes électriques et électroniques à l'intérieur des structures.

GLOSSAIRE

Amplitude I du courant de foudre : valeur de crête I du courant de foudre i.

Arc en retour : dernière phase d'un coup de foudre qui suit la jonction d'un traceur descendant issu du nuage avec le traceur d'interception issu d'un objet à la terre ; un courant de foudre intense jaillit du sol vers le nuage sous forme d'un plasma très lumineux (neutralisation du canal ionisé).

Blessures d'êtres vivants : blessures, y compris la mort, de personnes ou d'animaux soumis à des tensions de contact ou des tensions de pas dues à la foudre.

Boucle de terre : boucle en fond de fouille ou canalisation de liaison reliant deux ou plusieurs électrodes de terre et entourant généralement la structure à protéger.

Câble de garde : conducteur métallique tendu, fixé aux sommets de deux pylônes voisins de lignes à haute tension, en vue de capter la décharge de foudre et d'écouler le courant vers la terre, par l'intermédiaire de ces pylônes (métalliques).

Cage de Faraday : cage métallique (conductrice) à l'intérieur de laquelle il n'existe aucun champ électrique.

Cage maillée : cage de Faraday à mailles lâches (pas de 5 à 20 m environ) entourant complètement une structure à protéger.

Canalisation de liaison ou **liaison équipotentielle** : conducteur métallique en forme de boucle (généralement horizontale) assurant la liaison électrique entre descentes ou même entre capteurs.

Capacité (électrique) d'un condensateur : voir encadré au chapitre 4.

Capteur : voir dispositif de capture.

Champ électrique : voir encadré au chapitre 3.

Charge électrique : voir encadré au chapitre 2.

Charge impulsionnelle : intégrale par rapport au temps du courant de foudre pendant toute la durée de l'éclair (coup de foudre complet).

Charge d'un coup de foudre de courte durée : intégrale par rapport au temps du courant de foudre pendant la durée du coup de foudre de courte durée (une seule composante).

Charge d'un coup de foudre de longue durée : intégrale par rapport au temps du courant de foudre pendant la durée du coup de foudre de longue durée.

Conductibilité électrique ou **conductivité électrique** : voir encadré au chapitre 4.

Connexion de mesure : connexion démontable entre descente et conducteur de terre permettant de mesurer la résistance électrique d'une électrode de terre.

Coup de foudre : en normalisation internationale, européenne et française, un coup de foudre est l'une des décharges électriques (arcs en retour) composant un éclair à la terre ; ce peut être un premier coup ou l'un des coups subséquents (cas typique d'un éclair négatif descendant) ; dans le langage courant, le coup de foudre désigne cependant l'ensemble des composantes d'un éclair.

Coup de foudre de courte durée : partie de l'éclair correspondant à un courant impulsionnel (choc). Ce courant présente un temps jusqu'à mi-hauteur de valeur inférieure à 2 ms.

Coup de foudre de longue durée : partie de l'éclair correspondant à un courant permanent. La durée de l'onde de courant est typiquement supérieure à 2 ms et inférieure à 1 s.

Coups multiples : éclair à la terre riche d'un nombre moyen de décharges égal à 3 ou 4, avec un intervalle de temps typique entre les décharges de 50 ms ; des phénomènes avec quelques dizaines de décharges et des intervalles de temps entre les décharges de 10 ms à 250 ms ont souvent été observés.

Courant de foudre i : courant s'écoulant au point d'impact.

Courant électrique : voir encadré au chapitre 4.

Cumulo-nimbus : le plus vigoureux des nuages orageux, aussi appelé roi des nuages.

Dard : voir traceur.

Décharge électrique dans l'air : voir annexe.

Décharge induite : voir chapitre 7.

Décharge latérale : voir chapitre 7.

Défaillance d'un système électrique et électronique : dommage permanent d'un système électrique et électronique dû aux effets électromagnétiques de la foudre.

Densité de foudroiement N_G : nombre surfacique annuel d'éclairs à la terre ($km^{-2}.an^{-1}$) ; on définit aussi une densité de coups de foudre (arcs en retour) : dans les régions tempérées, on considère souvent une moyenne de 2,2 coups de foudre par éclair à la terre ; on l'appelle aussi *densité des éclairs au sol* ou *encore sévérité orageuse*.

Densité des impacts N_{SG} : nombre surfacique annuel d'impacts à la terre ($km^{-2}.an^{-1}$) ; en général, on considère que $\mathbf{N_{SG} = 2\ N_G}$.

Descente : conducteur métallique établissant la liaison électrique entre un point du dispositif de capture et la connexion de mesure.

Dispositif de capture : partie de l'installation extérieure de protection contre la foudre utilisant des éléments métalliques tels que tiges, conducteurs horizontaux, conducteurs maillés ou fils tendus et destinée à intercepter les coups de foudre.

Dispositif de descentes : partie de l'installation extérieure de protection contre la foudre destinée à conduire le courant de foudre du dispositif de capture vers l'installation de mise à la terre.

Distance d'amorçage : distance entre la tête du traceur descendant et le point origine du traceur d'interception au moment où jaillit l'arc en retour.

Distance de séparation s : distance entre deux parties conductrices telle qu'aucune étincelle dangereuse ne puisse apparaître.

Dommage physique : dommage sur une structure ou dans son contenu dû à des effets mécaniques, thermiques, chimiques et explosifs de la foudre.

Durée de l'éclair T : durée pendant laquelle le courant de foudre s'écoule au point d'impact.

Éclair : dans le langage courant, l'éclair est l'aspect lumineux du coup de foudre.

Éclair à la terre ou, plus rarement, **foudre** (masculin : un foudre !) **à la terre** : décharge électrique d'origine atmosphérique entre un nuage et le sol, consistant en un ou plusieurs coups de foudre ; dans le langage courant, l'**éclair** désigne plutôt la manifestation lumineuse d'une décharge atmosphérique, la **foudre** (féminin) désignant le phénomène général (éclair + tonnerre).

Éclair ascendant ou **foudre ascendant** : éclair à la terre initié par un précurseur (ou traceur) depuis une structure sur le sol vers le nuage. Un éclair ascendant comprend un premier coup de foudre de longue durée ou de multiples coups de courte durée superposés, pouvant être suivis de coups consécutifs de courte durée et pouvant inclure un coup de longue durée.

Éclair descendant ou **foudre descendant** : éclair à la terre initié par un précurseur (ou traceur) descendant du nuage vers la terre. Un éclair descendant se compose d'un premier coup de foudre de courte durée pouvant être suivi de coups consécutifs de courte durée, voire d'une composante-M (Malan), et pouvant inclure un coup de longue durée.

Écran magnétique : grillage métallique ou écran continu entourant l'objet à protéger, ou une partie de celui-ci, afin de réduire les défaillances des systèmes électriques et électroniques.

Effet corona ou **effet de couronne :** voir annexe A.

Électrisation : passage du courant, non nécessairement mortelle (commotion), à travers le corps humain (ou animal).

Électrocution : électrisation mortelle par fibrillation ventriculaire ou asystole, conduisant à un arrêt cardio-respiratoire irréversible.

Électrode de terre : conducteur métallique enfoui dans le sol assurant la liaison électrique avec la terre.

Éléments conducteurs extérieurs : parties métalliques pénétrant ou quittant la structure à protéger telles les canalisations, les tuyauteries, les écrans de câbles... pouvant écouler une partie du courant de foudre.

Enclume : partie supérieure du cumulo-nimbus, chargée positivement.

Énergie potentielle électrique : voir encadré au chapitre 4.

Énergie spécifique W/R : intégrale par rapport au temps du carré du courant de foudre pendant toute la durée de l'éclair ; elle représente l'énergie dissipée par le courant de foudre dans une résistance de valeur unitaire (1 Ω).

Énergie spécifique d'un courant de courte durée : intégrale par rapport au temps du carré du courant de foudre pendant la durée du coup de foudre de courte durée ; notons que l'énergie spécifique d'un courant de longue durée est négligeable.

Feux de Saint-Elme : manifestation de l'effet de couronne, surtout en haut des structures élevées et effilées (mâts de bateaux...).

Force électrique : voir encadré au chapitre 2.

Foudre en boule : plasma globulaire très lumineux... une énigme de la physique.

Foudre sur un objet : éclair à la terre qui frappe directement un objet à protéger.

Foudre proche d'un objet : éclair à la terre dans le voisinage d'un objet à protéger qui peut endommager les systèmes électriques et électroniques de l'objet.

Fulgurite : *éclair fossilisé*, structure géologique ramifiée particulière de sable siliceux fondu ressemblant à du verre naturel, résultat d'un effet de vitrification au passage d'un courant de foudre.

Impulsion électromagnétique de foudre IEMF : effets électromagnétiques du courant de foudre sur les systèmes électriques et électroniques ; l'IEMF comprend les surtensions conduites aux équipements des systèmes électriques et électroniques ainsi que les effets directs du champ magnétique induit sur les équipements eux-mêmes.

Influence électrique : voir encadré au chapitre 2.

Installation de protection contre la foudre IPF : installation complète utilisée pour réduire les dangers de dommages physiques dus aux coups de foudre directs sur une structure ; elle comprend à la fois une installation extérieure et une installation intérieure de protection contre la foudre.

Installation extérieure de protection contre la foudre : partie de l'IPF comprenant un dispositif de capture (paratonnerres), des conducteurs de descente et une installation de mise à la terre ; typiquement, ces éléments sont à l'extérieur de la structure.

Installation intérieure de protection contre la foudre : partie de l'IPF comprenant les liaisons équipotentielles de foudre et respectant les distances de séparation à l'intérieur de la structure à protéger.

Installation de mise à la terre ou **prise de terre** : partie de l'installation extérieure de protection contre la foudre destinée à conduire et à dissiper le courant de foudre à la terre.

Ionosphère : régions supérieure de l'atmosphère, située entre la neutropause et une altitude d'environ 500 km, dans laquelle la concentration de particules chargées est nettement plus importante que dans la neutrosphère.

Isokéraunique : courbe reliant les points de même niveau kéraunique.

Leader : voir traceur.

Liaison équipotentielle de foudre : interconnexion des parties métalliques d'une installation à une IPF, par des connexions directes ou par des parafoudres afin de réduire les différences de potentiel engendrées par le courant de foudre.

Lignes de champ électrique : voir encadré au chapitre 3.

Mésopause : limite supérieure de la mésosphère, située autour de 85 km d'altitude.

Mésosphère : région moyenne de l'atmosphère située au-dessus de la stratopause, dans laquelle la température décroît pour atteindre son minimum à la mésopause.

Mesures de protection et **spectre électrique** : mesures à adopter pour l'objet à protéger afin de réduire le risque de foudroiement.

Modèle électrogéométrique ou **modèle de la sphère roulante** : voir chapitre 8.

Neutropause : limite supérieure de la neutrosphère, située à environ 60 km d'altitude.

Neutrosphère : région de la basse atmosphère située entre le niveau du sol et la neutropause, dans laquelle la concentration de particules chargées (électrons et ions) est insignifiante.

Niveau kéraunique T_d : nombre annuel de jours durant lesquels on a entendu le tonnerre en un lieu donné ; c'est une notion empirique, devenue obsolète, remplacée de plus en plus par la notion de densité de foudroiement.

Niveau de protection foudre NPF : ensemble de paramètres du courant de foudre définissant la foudre comme source de dommage ; le niveau de protection foudre est utilisé pour classer les mesures de protection prévues conformément à un ensemble significatif de paramètres du courant de foudre.

Niveau de protection U_P, aussi appelé **tension de limitation du parafoudre U_P** : le niveau de protection U_P d'un parafoudre est lié à sa tension résiduelle relative à un courant donné ; pour des courants plus forts ou plus faibles s'écoulant dans le parafoudre, la valeur de la tension aux bornes de celui-ci sera différente en conséquence.

Objet à protéger : structure ou service à protéger contre les effets de la foudre.

Parafoudre : dispositif conçu pour limiter les surtensions transitoires et évacuer les courants de foudre impulsionnels ; il comporte au moins un composant non linéaire.

Paratonnerre : voir installation extérieure de protection contre la foudre.

Plasma : milieu ionisé dans lequel, macroscopiquement, la charge positive équilibre la charge négative, parfois appelé le *quatrième état de la matière*.

Point d'impact : point où un coup de foudre frappe la terre ou un objet sur celle-ci (structure, installation de protection contre la foudre, service, arbre...) ; notons qu'un éclair à la terre peut avoir plusieurs (en moyenne 1,7) points d'impact (éclair ramifié).

Potentiel électrique ou **tension électrique** : voir encadré au chapitre 3.

Précurseur : voir traceur.

Prédécharge : voir traceur.

Prise de terre : voir installation de mise à la terre.

Puissance électrique : voir encadré au chapitre 4.

Résistivité : voir encadré au chapitre 4.

Rigidité diélectrique : voir encadré au chapitre 3.

Risque : perte probable annuelle (personnes et biens) due à la foudre en rapport avec la valeur (personnes et biens) d'un objet à protéger.

Risque tolérable RT : valeur maximale du risque pouvant être tolérée par un objet à protéger.

Service à protéger : service pénétrant dans une structure pour lequel une protection est prescrite contre les effets de la foudre conformément à la normalisation internationale (norme IEC EN 62305 : « Protection contre la foudre ») ; les réseaux de puissance et de communication sont les services les plus touchés par la foudre.

Sévérité orageuse : voir densité de foudroiement.

Stratopause : limite supérieure de la stratosphère, située à environ 45 km d'altitude.

Stratosphère : région de l'atmosphère située entre la tropopause et la stratopause, où, à altitude croissante, la température subit d'abord une légère diminution, reste ensuite constante (jusqu'à 25 km environ) et augmente ensuite en raison de l'absorption du rayonnement solaire par l'ozone.

Streamer : prédécharge électrique filamentaire, voir annexe.

Structure à protéger : structure pour laquelle une protection est prescrite contre les effets de la foudre conformément à la normalisation internationale (CEI 62305) ; la structure à protéger peut être une partie d'une structure plus grande.

Système électrique : système comprenant des composants de l'alimentation de puissance à basse tension et éventuellement des composants électroniques.

Système électronique : système comprenant des composants électroniques sensibles, tels les équipements de communication, les systèmes d'ordinateurs, de commande et d'instrumentation, les systèmes radio et les installations électroniques de puissance.

Système interne : système électrique et électronique à l'intérieur d'une structure.

Système de parafoudres : ensemble de parafoudres coordonnés de manière adéquate, installés de façon à réduire les défaillances des systèmes électriques et électroniques.

Tension électrique : voir potentiel électrique.

Tension de pas : voir chapitre 7.

Tension de toucher ou **tension de contact** : voir chapitre 7.

Tension de tenue au choc U_W, aussi appelée **tenue assignée de choc U_W :** tension de choc donnée par le constructeur de l'équipement ou d'une partie de l'équipement, caractérisant la tenue spécifiée de son isolation contre les surtensions.

Thermosphère : région la plus élevée de l'atmosphère, située au-delà de la mésopause, dans laquelle la température croît constamment avec l'altitude, pour atteindre 1000 K (1273 °C) à 750 km.

Tonnerre : ensemble des ondes de choc élastiques générées dans l'air par des ondes de pression acoustique intense sur l'axe du canal de foudre (des centaines, voire un millier d'atmosphères, à des températures de l'ordre de 30 000 K), transmises puis réfractées par les différents objets qui longent leur parcours jusqu'au récepteur.

Traceur (ou **précurseur**) ou **leader** : première phase d'un coup de foudre correspondant à la formation d'un canal ionisé quasi invisible à l'œil nu entre le nuage et le sol ; le **traceur descendant** est un **traceur saccadé** ou **traceur par bonds** ou encore **précurseur par bonds** qui progresse discrètement du nuage vers le sol, il est généralement négatif ; le **traceur ascendant** ou prédécharge ascendante naît à partir de différents points du sol, préférentiellement à partir d'objets élevés et pointus, et se développent soit à la rencontre d'un traceur descendant initial (lorsque celui-ci s'est suffisamment approché du sol), soit directement mais discrètement vers la base du nuage si la structure au sol est particulièrement élancée. Dans le cas d'un traceur **descendant positif**, la progression se fait généralement de façon continue (plutôt que par bonds) mais à une vitesse sensiblement la même que le traceur négatif. Les traceurs successifs qui suivent le premier traceur sont appelés **dards** ; contrairement au traceur par bonds, ils se propagent continûment, partiellement ou complètement dans le même canal.

Tropopause : limite supérieure de la troposphère, généralement située à une altitude comprise entre 10 et 17 km.

Troposphère : partie inférieure de l'atmosphère située entre le niveau du sol et la tropopause, dans laquelle la température décroît avec l'altitude.

Valeur (de) crête I : valeur maximale du courant de foudre.

Zone de protection foudre ZPF : zone où l'environnement électromagnétique lié à la foudre est défini et contrôlé ; à l'intérieur d'une ZPF, les effets électromagnétiques du courant de foudre peuvent être réduits (*cf. chapitre 10*).

55 1 (jaune)
BON

Impression & brochage sepec - France
Numéro d'impression : 04545150603 - Dépôt légal : juin 2015

IMPRIM'VERT®

PEFC™ 10-31-1470 / Certifié PEFC / Ce produit est issu de forêts gérées durablement et de sources contrôlées. / pefc-france.o